U0253651

0，无穷大和糟糕的13

[德] 阿尔布雷希特·贝特尔斯帕赫 著
Albrecht Beutelspacher
林琳 朱锐 译

NULL
UNENDLICH UND DIE
WILDE 13

天津出版传媒集团
天津科学技术出版社

图书在版编目（CIP）数据

0，无穷大和糟糕的 13 /（德）阿尔布雷希特·贝特尔斯帕赫著；林琳，朱锐译. -- 天津：天津科学技术出版社，2023.4

ISBN 978-7-5742-0820-9

Ⅰ. ①0… Ⅱ. ①阿… ②林… ③朱… Ⅲ. ①数学－普及读物 Ⅳ. ①O1-49

中国国家版本馆 CIP 数据核字 (2023) 第 027476 号

0，无穷大和糟糕的 13
0，WUQIONGDA HE ZAOGAO DE 13
选题统筹：邵　军
责任编辑：曹　阳
产品经理：张志元
责任印制：兰　毅
出　　版：天津出版传媒集团
　　　　　天津科学技术出版社
地　　址：天津市西康路 35 号
邮　　编：300051
电　　话：（022）23332377
网　　址：www.tjkjcbs.com.cn
发　　行：新华书店经销
印　　刷：北京旺都印务有限公司

开本 880×1230　1/32　印张 8.5　字数 130 000
2023 年 4 月第 1 版第 1 次印刷
定价：56.00 元

前言

早在3万年前，或许是出于对实用性的追求，人类创造出了数字。当时，人们利用在物体上刻痕的方式进行计数。数字的使用标志着人类从对事物定性的、带有主观色彩的评估向定量的、有客观结论辅助的评估过渡。关于数量的多少等相类似的问题都可以由数字客观地决定，而不会受到诸如等级、权势或声誉等因素的影响，因此用数字评估相对来说是“公平的”。

除了用于解决实际问题外，数字从一开始还在人们认识、探索世界方面发挥着重要作用。在所有人类文化中，关于宇宙学的问题总会被提及，比如太阳、月亮和星星在天空中的位置为什么会移动？是如何移动的？按照什么规律移动？很多神话传说常常试图对此类问题进行解答。其实，对这些问题的解释是有科学依据的，因为人们所预测的结果是依据表格中记录的数字总结分析得出的。当人们试图观察、记录天体并得出结果时，便诞生了天文学。公元前 3000 年，美索不达米亚的数学家就是这一领域的先驱。

公元前 6 世纪，毕达哥拉斯学派[①]赋予了数字新的含义。当时，科学界的核心问题是探讨世界存在的本原，是什么使世界的存在成为可能并保持活力。对于这个问题，人们给出的答案各不相同，但对于毕达哥拉斯来说，答案是明确的：数字是事物决定性的基础。这意味着人们不仅可以在世间万物的现象中发现数字，用数字来描述世界，而且最重要的是，数字是宇宙运行的基础。万物皆是由数字组成的，可以说，没有数字，世界就无法正常运转。

综上所述，数字是非常重要的，它们是开启世界之门的钥匙。

---

① 毕达哥拉斯学派是前 6—前 4 世纪在亚平宁半岛南部形成和发展起来的一种自然哲学学派，创始人是毕达哥拉斯，成员大多是数学家、天文学家、音乐家。（本书中注释如无特别说明，均为译者注）

这不仅适用于广义上的数字，也同样适用于狭义上的数字。因此，本书要为大家解答的就是：个别数字有什么特殊的含义吗？还是每个数字都有它独特的意义呢？每个数字都是开启世界某一领域的钥匙吗？

关于这一问题，人们有两种截然不同的观点。

第一种观点是：在这些数字中，每个数字都与其他数字一样。也就是说，所有的数字都是同样有趣或者无趣，没有哪个数字比其他数字特殊。数字只有在作为一个整体时才有意义。

这一观点的支持者们认为，数字就像数轴上的点，这些点排成一排，像无限长的珍珠串一样。从这个角度来看，诸如“我们从哪个数字开始数？”或者“我们朝哪个方向去数？”是完全无所谓的，因为这些数字看起来极其相似。因此，数字的名称只是表面上的称呼，与数字的本质毫无关系。

第二种观点与第一种截然相反，认为每一个数字都是特殊的，没有哪两个数字是一样的，每一个数字都有其独有的特征。

数学家们有时也会支持这种观点，他们认为所有的数字都是有趣的，甚至通过“证明”来支持这种说法。假设存在一些无趣的数字，那么还会有一个更小的无趣的数字存在——这一点无疑是数字本身的一个非常有趣的属性。

我个人比较倾向第二种观点。或许并不是每一个数字都很有趣，但许多数字都具有很明显的特征，尤其是数值较小的数字。因此，不同的数字有着不同的特征。比如，当我们谈到数字 6，7 和 8 的时候，你不仅会想到这些数字像门牌号一样按顺序排列，还会不由自主地发觉有些事物只与其中的一个数字相匹配，而不适用于另外两个数字。

是什么让数字如此有趣呢？当然，除了数字本身的数学属性以外，还包括数字背后的传说和故事，或者说人们对数字的接受史。这本书试图解答人们这两个方面的疑惑，并探索它们是否关联、如何关联。例如，人们可能会问，数字的数学属性是否也可以解释它们的文化历史意义或在日常生活中的用途。

当我们考虑一个数字的数学属性时，我们大多会想到这样的问题：它能被其他数字整除吗？或者，它是一个质数（也叫“素数”）或平方数（也叫“正方形数”）吗？它与其他数字是什么关系？它是一个无理数吗？

而当我们谈及数字数学以外的属性时，或许会联想到以下几个方面，如童话故事中的数字、宗教中的数字、自然界中的数字等，当然也有一些故事不单单以数字为主题，还涉及数学家们的逸事。

* * *

本书中所提到的数字都有单独一章专门介绍。你可以了解数值小一点的数字（如 1，2，3 和 0），或者数值大一点的数字（如人类有史以来数到的最大的数字），也可以了解到如 $\sqrt{2}$ 或圆周率 π 这样特殊的数字。

尽管有关其中一些数字的图书可能（或许已经）编写得很厚，但本书中介绍这些数字的篇幅基本相同。你可以根据自己的喜好，按任何顺序阅读本书。

无论你是否有数学知识的基础，都不会影响你阅读本书。在阅读过程中，你还会在不经意间学习到一些数学知识。如果遇到有关联的数字，还会涉及二进制数、三角形数、完全数、球体堆积、帕斯卡三角形、柏拉图立体或无理数、无穷大以及一些尚未解决的数学问题等。

另外，本书的大多数章后面还配有附加信息，其中涉及相关数字的数学信息，以及其他方面的一些信息。

在此，我要感谢我身边的很多人，感谢他们在过去的几年里激励我思考，与我共同探讨，帮助我撰写出有关数字的奇妙故事。我在与他们的交流中解开疑惑，获取灵感，汲取精华，最后总结成文，这些经历都是成就本书的宝贵财富。

我希望这些关于数字的趣味故事能给广大读者带来启发，为你们开启通往数字世界的大门。此外，这些有关数字的实例也有助于你们更好地理解现实世界和人类的精神世界。

目录

第 1 章　1：独“一”无二 …………………… 1

第 2 章　2：迥然不同 ……………………… 7

第 3 章　3：“三”位一体 ……………………14

第 4 章　4：“四”面八方 ……………………21

第 5 章　5：自然之数 ………………………27

第 6 章　6：自然之形 ………………………33

第 7 章　7：无稽之“数”……………………40

第 8 章　8：神奇之美 ………………………47

第 9 章　9：枯燥无味？ ……………………54

第 10 章　0：象征空无………………………62

第 11 章　10：有理之数 ……68
第 12 章　11：神秘数字 ……73
第 13 章　12：整体大于部分之和 ……80
第 14 章　13：疯狂之数 ……87
第 15 章　14：$B+A+C+H$ ……93

第 16 章　17：高斯数 ……97
第 17 章　21：兔子和向日葵 …… 103
第 18 章　23：生日悖论 …… 110
第 19 章　42：万能答案 …… 117
第 20 章　60：最佳数字 …… 122

第 21 章　153：“鱼”数 …… 130
第 22 章　666：兽数…… 134
第 23 章　1 001：传奇之数 …… 139
第 24 章　1 679：对话外星人 …… 143
第 25 章　1 729：拉马努金数 …… 149

第 26 章 65 537：箱中之数 …………………… 155
第 27 章 5 607 249：欧帕尔卡数 ……………… 162
第 28 章 $2^{67}-1$：无言地计算 ……………… 166
第 29 章 -1：荒谬之数 ……………………… 170
第 30 章 2/3：残破之数……………………… 176

第 31 章 3.125：简而不凡…………………… 185
第 32 章 0.000…：微乎其微………………… 191
第 33 章 $\sqrt{2}$：超级“无理” ……………… 197
第 34 章 $\sqrt[3]{2}$：“倍立方”………………… 204
第 35 章 ϕ：黄金分割 …………………… 211

第 36 章 π：神秘的超越数 ………………… 221
第 37 章 e：与日俱增……………………… 232
第 38 章 i：“虚”无缥缈？ ……………… 242
第 39 章 ∞：无穷无尽 ……………………… 252

附 录 ………………………………………… 258

第1章　1：独“一”无二

有很长一段时期，人们并没有把1看作是一个数字，而是看作一个“单位”，所有的数字都是在这个“单位”的基础上产生的。大约公元前300年，欧几里得(Euclid，约前330—前275年）就在《几何原本》第七卷的开篇提及了这一点。他首先试图定义“单位”这一概念:“每一个事物都是作为一个单位而存在的。”接着，他又进行了补充，“一个数是由多个单位组成的集合体。”

在许多文化中，1往往代表着某种独特存在的事物，超越了计数的范畴。例如在古埃及，1就是造物神普塔；在美索不达米亚，1又被视为阿奴神。在信奉单一神灵的宗教中，1 代表的就是那位独一无二的神。在犹太教、基督教的第一条诫命里有这样的要求："我是主，你的上帝，除了我之外，你不应该有其他的信仰。"《古兰经》中也这样描述"安拉"："他是主宰万物的唯一真主。"

事实上，1 是基础，例如计数就是从 1 开始的。它是第一个数，甚至可以说它是唯一的起点，至少按照欧几里得的观点，1 是最重要的，因为其他所有数字都是由 1 组成的。其他数字都可以看作是 1 的集合，例如，5=1+1+1+1+1，因此，数字 5 是由 5 个 1 组成的。同理，数字 12 是由 12 个 1 组成的，1 万亿是 1 万亿个 1 的和。

可以说，1 是独一无二的，其他的数字都不具备 1 的特性，即通过该数字的连续相加可以得到比 1 大的所有自然数。连续加 2 只能得到偶数，连续加 3 只能得到 3 的倍数，其他数字也是如此，只有连续加 1 才能得到所有比 1 大的自然数。从 1 的角度来看，其他数字不需要存在。

将自然数表示为 1 的和，并且采用在物体上刻痕的方式计数，是流传下来的最古老的计数方法之一。早在

3万年前，人们就通过在动物骨头上刻痕来进行计数。捷克的下维斯特尼采曾经是猛犸象猎人的聚落，在那里发现的“狼骨”刻痕就是这种计数的代表（如图1-1）。

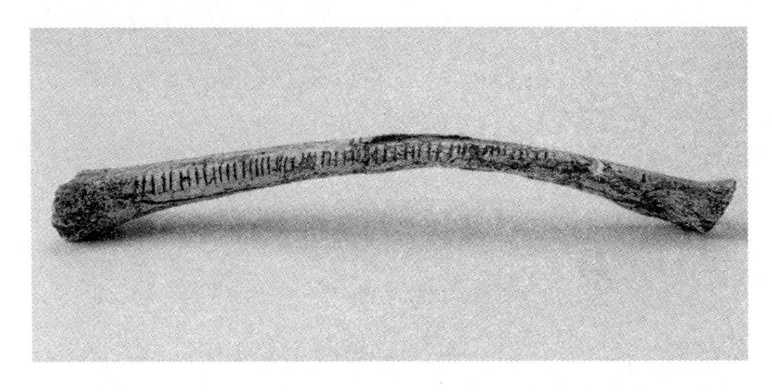

图1-1 “狼骨”刻痕

狼骨上刻有规则的划痕，可以让我们明显识别出数字25和30。然而，这些精心雕刻的数字到底要表达什么意思，我们不得而知。

如今，1往往被视作计数开始的一个数字，是万数之首。从某种意义上讲，1作为第一个数字，“成为第一”也就有着特殊的含义。

如果某件事是第一次发生，那么这个事件就会被标上“第一”的印记，并会因此被世人铭记。例如，1895

年11月8日晚上，德国物理学家威廉·康拉德·伦琴（Wilhelm Conrad Röntgen，1845—1923年）在维尔茨堡大学物理研究所首次发现了一种新射线，即X射线，也叫伦琴射线。还有，1953年5月29日，新西兰人埃德蒙·珀西瓦尔·希拉里（Edmund Percival Hillary，1919—2008年）和他的同伴丹增·诺尔盖（Tenzing Norgay，1914—1986年）一起第一次登上了世界最高峰珠穆朗玛峰。此外，1969年7月21日2时56分15秒（UTC，即“世界标准时间”），尼尔·奥尔登·阿姆斯特朗（Neil Alden Armstrong，1930－2012年）踏出了人类登上月球的第一步。

数字1是极其独特的。如果你留意观察一些数字，例如欧洲众多河流的长度，或者前1 000个质数，再或者报纸头版上的数字，或许就可以发现其中的奥秘。你可能会问：这些数字中有多少是以1开头的？以2开头的又有多少？以9开头的呢？大多数人或许会认为，所有数字所占的比例应该基本相同，即平均下来大约11%。

事实并非如此：有超过30%的数字是以1开头的，

以2开头的数字占17%，而以9开头的仅占4.6%。这种现象被称为“本福特定律”，是以物理学家弗兰克·本福特(Frank Benford,1883—1948年)的名字来命名的。弗兰克·本福特曾在1938年描述过这种现象，但他是这一现象的第二位发现者，首位发现者是美国数学家西蒙·纽科姆（Simon Newcomb，1835—1909年），他在1881年就发现了这种悖论。

本福特是在《对数表》上发现这一现象的。这本书前边以1开头的页码的磨损程度要比后面的大得多。现如今，在任何电脑的键盘上，带1的键可能比其他数字键更容易发生故障，因为它的使用频率更高一些。

当我们查看德国大城市的人口数量时，这一现象就更加直观了。人口数量以较小数字开头的城市比以较大数字开头的城市多得多（如表1-1）：

表1-1　德国大城市的人口数量

人口数量的开头数字	1	2	3	4	5	6	7	8	9
城市数量	340	320	133	87	50	24	20	12	12

这样的例子很直观。在德国，人口数量在 100 000 至 199 999 之间的城市很多（有 41 个），拥有 200 000 至 299 999 人口数的城市较少（有 17 个），而人口数在 300 000 至 399 999 之间的城市更少（只有 6 个）。

第2章　2：迥然不同

如果世界上只存在数字1，显然是不够完美的。因此，紧随1之后诞生了2。

但必须强调的是：2追随1的步伐，就如同夏娃来到亚当身边。夏娃不仅仅是另一个人，而且她与亚当完全不同。有了夏娃，一切都发生了改变。

2的出现并不意味着只是产生第二个1，它不只是将1放大，比1多一个，而是完全不同的。有了2，一切就都变了。

人们从什么时候开始，以何种方式用2计数的，我们无从得知。也许开始于人们边走边唱，并用两种不同的音调来配合左右腿交替的步伐；或者产生在人们哄孩子入睡时，用不同的声音配合他们来回摇晃的动作。

这种对两种不同状态的无意识感知，在某个特定的时刻变成了有意识的。当人们意识到左、右，区分出上、下，识别出向前和向后是两个不同方向的时候，2 便诞生了。

起初，2 并不是一个数字，也不是计数的开始，而是复数的一种特殊形式：2 作为复数，也被称为“二元”，是指两个对象，但不是任何对象，而是处于一种关系中的对象。在德语中，这种古老的形式也常体现在“beide（两个，两者）”一词中。例如，人们认识事物时有时能注意到两个方面；再例如，人也是用双腿站立的。

数字 2 是人们在某个阶段，从一些基本经验中总结出来的。也许始于人们开始意识到外界与他们是分开的，是有区别的时候。

用 2 表达事物意味着能够区分自己和外界。这也就意味着是将外界理解成与“我”不同的、异样的，甚至是陌生的。这种外界可能是小的或大的，熟悉的或可怕的，令人愉快的或令人疲惫的——在任何情况下，它是“我”以外的事物。除了“我”之外，还有其他的，也就是“第二个”。

小结

首先，2是体现差异的数字。

用2计数意味着对每一个物体、每一种现象都会提出这样的问题：这个东西只存在一个还是更多？我们观察自己的身体，发现了两只眼睛、两只手、两只脚。我们看到身边有长得很像的双胞胎，还在镜子里认出了自己的形象。我们也很高兴看到那些如胶似漆的恋人，通过拥抱来表达情感。

二者的紧密关系是通过对称性来表达的。其中一方犹如镜像，是从图像及其原型中发展出的一个新统一体。对称性将二者区分开来，同时又将它们联系在一起。事实上，对称性创造了两个事物之间最紧密的联系。

我们在图像中使用对称性来记录或表达同一性、相似性或特别密切的关系。原本看起来完全不同的人，通过对称性融入一种密切的关系中，并永久结合在一起。想想马克斯和莫里茨[2]、迪克和杜夫[3]的标志性形象，或者想象一下新郎和新娘和谐对称地站在一起的婚礼照片。

其次，2 是体现对称的数字。

用 2 思考意味着对每种现象都会提出这样的问题：是否也存在与之相反的一面呢？我们可以想到很多这样的对立面。昼与夜、天与地、南与北、东与西、加与减、善与恶、富与贫、热与冷、男与女、生与死……

我们喜欢区分和分类，这为我们提供了初步概览，使我们获得方向，提升了洞察力，有了安全感。差异化对我们帮助很大。注重分辨的人会从生活中获益良多。

再次，2 是体现对立的数字。

公元前 6 世纪，毕达哥拉斯学派已经认识到数字世界的一个基本区别，即数字分为偶数和奇数。如果一个数字可以被 2 除且没有余数，那么它就是偶数，否则就

---

② 德国漫画《马克斯和莫里茨》中的形象。

③ 迪克和杜夫是美国喜剧电影《劳莱和哈台》德译版中的形象。

被称为奇数。当然，2 是所有偶数的原型。此外，数字 2 也是一个质数，它是最小的，也是唯一的既是偶数又是质数的数字。

毕达哥拉斯学派的学者们不仅发现偶数和奇数本身的属性很重要，还发现了（并已证明出）这些属性之间的关系，例如“偶数加偶数还是偶数”“奇数加奇数是偶数”。

此外，该学派还指出：2 是阴性数字，3（对毕达哥拉斯学派来说是第一个奇数）是阳性数字。

2 是二进制系统的基础，计算机的运算就基于此。在这个系统中，只有两个数字——0 和 1，其他数字则用这两个数字的组合来表达。最右边的数字告诉我们是否有一个 1，从右边数的第二个数字表示是否有一个 2；从右边数的第三个数字表示 4，接下来是 8，以此类推。例如，我们可以通过从右到左的顺序来破译二进制数字 1 011，如下所示：这是一个由 1，2，没有 4，但有 8 组成的数字，所以它相当于 1+2+8=11。

人们早在远古时期就已经意识到：小团体比大团

体更容易被支配。例如，“分而治之”（divide et impera）的提法要早得多，可能要追溯到尼科洛·马基雅弗利（Niccolò Machiavelli，1469—1527 年）④时期。

人们或许对这一方法在政治上的应用持批评态度，但在数学和计算机科学领域，这一方法得到了很好的应用。

在 32 张牌中，需要多少个“是”与“否”的问答才能确定某张特定的牌是什么呢？答案是 5。第一个问题可能是：这张牌是黑色还是红色的？且不管答案如何，你已经把可能的牌数减少了一半。

如果答案是“黑色的”，接着你可能会问：是梅花还是黑桃？将牌数再次减半，如此反复。提五个问题后，你可以利用算式 $2\times2\times2\times2\times2=2^5=32$ 区分出 32 种可能性。这听起来似乎不足为奇。那么，到底需要多少个“是”与“否”的问答来识别出地球上约 77 亿人中的一个人呢？答案是：33。因为 2^{33}=8 589 934 592，即大约

④ 尼科洛·马基雅弗利，文艺复兴时期意大利著名的政治思想家。

86 亿人。

数学家们对于这个“是”与“非”的实际问题给出的解释也很简单。如果我们对地球上的居民进行编号，那么，最大的数字是约 80 亿。如果我们用二进制来表示这个数字，我们会得到一个由 33 个 0 和 1 组成的序列。由此，我们便可以逐位考问：第一位是 1 吗？第二位是 1 吗？以此类推。

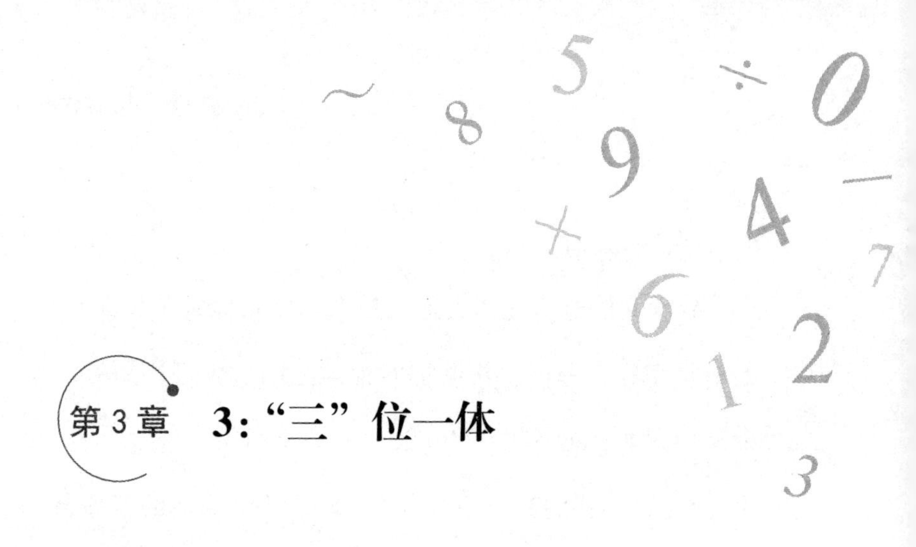

第3章　3:“三”位一体

3是一个书写起来很连贯的数字。相对于“独树一帜”的1以及“佳偶天成”的2来说,3则彰显出它“浑然一体”的特性。

毕达哥拉斯学派认为，3是“整体之数”，因为这个数的起点、中间和终点构成了一个整体。即便抛开这个特殊的释义，毕达哥拉斯学派也清楚地表明：新的事物始于3。

继2之后出现的3不是一个平淡无奇的普通数字，而是一个饱含能量的数字。3是首个代表着凝聚、结论、权位的数字,总之展现了一个更高层次的整体。任何“数不到3"的事物大多低于这个水准。

例如，三角形的三个角共同组成一个平衡的整体。在音乐领域，我们会时常感受到三和弦的魅力。两个音调要么极其相似，要么相差甚远。但三和弦的三个音调相得益彰，能够创造出完美和谐之音。

无论是莎士比亚《麦克白》中的三个女巫，莫扎特《魔笛》中的三个男孩，还是瓦格纳《尼伯龙根的指环》中的三个莱茵女郎——在每个作品中，3都创造了一个统一体。单独一个人物必然有独立的性格，两个人物通常会被设定成互补的角色，而三个人物就组成了一个平衡的统一体。

事实上，3具有一种强大的闭合功能，这一点，我们可以从很多地方看到。

例如，在童话故事中，我们经常会听到三个兄弟、三个愿望、三重考验的说法。而故事的情节往往是：三个兄弟中最年轻的那个娶到了国王的女儿，第三个愿望是最关键的，第三重考验是最困难的。

许多俗语和谚语中也常包含3这个数字。例如，德语中借用“好事成三”（汉语中为“好事成双”）给自己加油鼓气；在德国，人们愉快地完成了某件事情后，通常会在记事本上画上“三个叉”；更有趣的是，在拍卖会上，也是经过“第一次，第二次，第三次！”的敲槌，在第三次最终成交。

在语言中，3 也具有特殊的含义。这一点在描述事物状态的时候体现得最为明显：美丽，更美丽，最美丽；好，更好，最好。最高级形式，即第三级，超级（“最好的”），描述了不能再被超越的事物。比较级的说服力，特别是第三级，也就是最高级，在德国经常被应用在广告中，例如：Gut、besser、Paulaner（好、更好、宝莱纳。宝莱纳的意思是“品味正宗的巴伐利亚美食”，表示“极好的”）；Quadratisch、praktisch、gut（方正、小巧、好味道。这是德国一家企业打出的知名巧克力品牌 Ritter Sport 的广告语）。歌德作品《浮士德》中的梅菲斯特就提到了关于 3 的基本修辞规则：“你必须说三遍！”的确，当一件事被说了三遍后，它就有了一种特殊的说服力。当我说“她能做什么，她就做什么”，客观上这也没有什么问题。但是“她能做什么，她知道做什么，她就会做什么”这样表达会展现多大的说服力呢？显然，通过这种强调三次的方式表达，其说服力远远超过了说一遍或两遍。

这也可能是许多公司或政党的名称缩写由三个字母组成的原因：从 ARD（德国电视一台）和 BRD（德意志联邦共和国）到 CDU（基督教民主联盟）和 SAP（思爱普，德国软件公司），再到 SPD（德国社会民主党）和 ZDF（德国电视二台）。

哲学家格奥尔格·威廉·弗里德里希·黑格尔(Georg Wilhelm Friedrich Hegel,1770—1831年)将“三段论”确定为判断事物的原则。按照他的观点，从古代发展至今的“正题、反题、合题”这三个步骤，不仅是思考问题的基本规律，也是现实事物发展的基本规律：正题与反题相对立。然而，黑格尔还认为，“正题、反题、合题”中的“合题”并不是一种中介性的妥协；相反，“合题”是在逻辑上，从“正题”和“反题”两个相互对立的矛盾前提中扬弃而来的，即（a）否定、（b）肯定和（c）

否定之否定。

“三位一体”的思想几乎在所有神话和宗教中都发挥着重要作用。例如，在希腊神话中，宙斯、波塞冬和哈迪斯三神共同统治着人类和神灵；埃及神话中有伊希斯、奥西里斯和荷鲁斯三神；还有印度教中的梵天、毗湿奴和湿婆三大主神。

在基督教中，三者合一的力量以一种特殊的方式表现出来。圣父、圣子和圣灵并不是以三股力量分别统治世界的，而是形成了一个“统一的整体”，三者中的任何一者只有处在与其他两者构成的关系中才能体现其真正的身份。

3 不仅代表令人信服的结论，也意味着令人振奋的开始。当我们说“1，2，3”时，很容易想到那三个暗示连续计数的小圆点。事实上，任何能数到 3 的人都会数数。任何试图思考或想过数字的无穷大问题的人都已经感受到了 3 的无限魔力。

毕达哥拉斯学派首次探究了自然数的属性。例如，该学派提出了正方形数，指的是由小正方形组成大正方形所需的小圆点的数量。相应地，三角形数是指可以摆成三角形的石子或小圆点的数量。图 3-1 展示了三角形数的前几个数字：

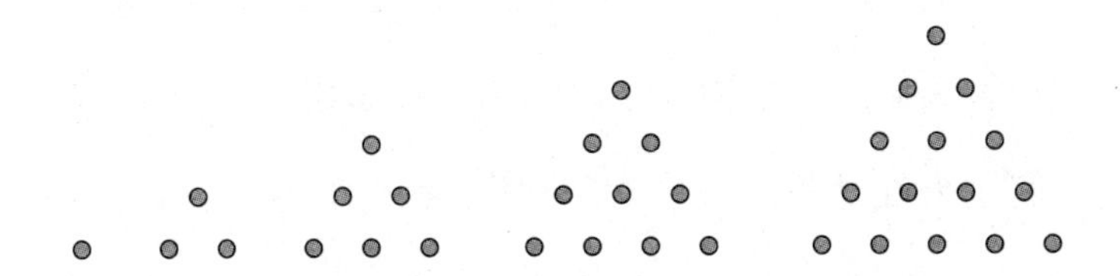

图 3-1　形成三角形所需的石子或小圆点的数量

如图 3-1 所示：前几个三角形数是 1，3，6，10，15。如果从上到下逐行读一个三角形数，就会发现它是由 1+2+3+…的形式组成的和。例如，第五个三角形数等于 1+2+3+4+5；一般来说，第 n 个三角形数等于前 n 个自然数之和，即等于 $1+2+3+\cdots+n$。

在代表第五个三角形数的三角形下面再放一排，按规律是 6 个石子，就可以得到第六个三角形数。也就是说，第六个三角形数是：15+6=21。同理，第七个三角形数是：21+7=28。

一般来说，第 n 个三角形数是通过在代表前一个三角形数的三角形上新增加一排 n 个石子数得到的。

三角形数还会出现在其他场景中。例如，有十个人参加聚会，每个人都与其他人相互敬酒一次，那么总计要“碰杯”多少次呢？关于这个问题有一种简单的算法，假设客人们是一个接一个地到达聚会场地，那么，起初只有主人在那里（一个人），然后第一位客人到达，向主人敬一次酒，下一位到达的客人要分别向前两个人敬酒，以此类推。第十位客人则要分别向已经在场的九位客人敬酒。所以正好“碰杯”了 1+2+3+…+9 次，也就是第九个三角形数。一般来说，如果问：“有 n 个人的场合，两两敬酒，一共要碰多少次杯呢？”这个问题的答案就是：第（$n-1$）个三角形数！

此外，还有一个公式可以帮助你迅速计算出三角形数：第 n 个三角形数等于 $n(n+1)\div 2$。例如，为了确定形成第一百个三角形数所需的石子数量，你不必将数字 1，2，3，…100 相加，而只需做一次乘法再除以 2，即 $100\times 101\div 2=5\ 050$。

第4章 4:“四”面八方

1915年12月7日，在圣彼得堡举行的未来主义画派绘画展上，卡西米尔·塞文洛维奇·马列维奇(Kazimir Severinovich Malevich,1878—1935年)[⑤]的《黑色广场》凭借其极端的激进主义画风格外显眼。这幅作品本应体现出一些现代性特征，但人们只看到一个以白色为背景的黑色正方形，别无其他。这个正方形没有展现什么，没有隐藏什么，也没有刻意表达什么。

⑤ 苏联画家，几何抽象画派的先驱，至上主义艺术奠基人。

艺术作品通常被用来展现世界，但这幅作品恰恰相反。画中没有世界上的任何东西：没有人，没有自然风景，也没有宗教符号。而画中的一切又都是由人创作的。这正是该作品的象征意义。

正方形是最简单的几何图形之一。一切都井然有序：上—下，左—右。它是数字 4 的体现：四条相等的边，四个相等的角，四条对称轴。正方形是我们人类最容易想象的图形，它可以帮助人们确定位置。

4 是我们表达方向的数字。通过天空的四个方向，我们得到了一个空间的定位。“Orientierung”（方位）一词源于拉丁语“oriens”（东方）。东方是空间的决定性方向：如果你看向东方，那么西方就在你的后边，南方在你的右边，北方在你的左边。

此外，人类在时间上的划分也是由数字 4 构成的。例如，我们把一年分为四个季节，更短的单位“月”分成四个星期，月相也表现出满月、下弦、新月和上弦四个最容易被识别的特征，现代奥林匹克运动会也是每四年举办一次。

此外，在古希腊哲学中，世界上物质的产生被解释为四种力量，即四大元素火、水、气和土相互作用的结果。

正方形不仅自身很完美，而且能与其他正方形完美融合，使其变大。4 个小正方形可以拼成一个大正方形，9 个小正方形可以拼成一个更大的正方形，64 个小正方形可以拼成一个正方形棋盘。

如此奇妙的拼接特性正是正方形普遍适用的原因：许多浴室的瓷砖是正方形的，铺路石的表面是正方形的，网格本纸张上的图案也是由许多小正方形组成的。此外，我们还用平面方格网绘制地图。

使用正方形能够获得平面中更大的面积，人们可以利用这一方法来探索平面的无限性并掌控它。

该原理最重要的应用是直角坐标系。整个坐标平面被分成无数个小正方形。每个点都可以通过 x 轴和 y 轴上对应的数字来标识。通过这种方式，人们就可以利用数字定位对象并对其进行运算了。

1852 年 10 月 23 日，伦敦的一位数学系学生弗朗西斯·格思里向他的导师奥古斯都·德·摩根（Augustus De Morgan，1806—1871年）教授请教了一个看似简单的问题。但他们都没有想到的是，对于这个问题的答案，数学界竟探讨了一个多世纪。

问题的缘由是这样的：当时，格思里正忙着给英国各郡的地图着色，他需要给每个区域涂上一种颜色，并确保共享一条边界的两个区域使用的颜色不同，这样就便于从视觉上区分出不同的区域。

弗朗西斯·格思里试图用尽可能少的颜色来完成着色工作。他发现三种颜色是不够的，但四种颜色就可以了。而他的“世纪之问”是：情况是否总是如此？人们能否用（只用）四种颜色给任何地图上的国家着色，甚至是一张假想的地图？对此，摩根教授并不清楚，于是，他当天给格思里在都柏林的同事威廉·罗文·哈密顿（William Rowan Hamilton，1805—1865年）写信请教，哈密顿也不知道。

直到1879年，数学家兼执业律师阿尔弗雷德·布雷·肯普（Alfred Bray Kempe，1849—1922年）发表了一篇文章来证明此事，这个问题才算有了答案。肯普是一位非常受人尊敬的科学家——然而，他的证明却是错误的，珀西·赫伍德（Percy Heawood，1861—1955年）在1890年指出了这一点。赫伍德借助肯普的论点证明出用五种颜色就足够了。然而，他并没有找到真正需要五种颜色着色的地图！所以，到底是用四种颜色还是五种？

直到1977年，来自美国伊利诺伊大学的数学家肯尼斯·阿佩尔（Kenneth Appel，1932—2013年）和沃尔夫冈·哈肯（Wolfgang Haken，1928年— ），在德国数学家海因里希·黑施（Heinrich Heesch，1906—1995年）前期工作的基础上，结合肯普的观点，终于得出了这一问题的答案：用四种颜色就足够了！基于理论性的思考，他们将问题减少到对大约1 500种配置的调查，之后利用计算机对这些问题进行了处理。

伊利诺伊大学在其公文上自豪地宣称："用四种颜色就足够了。"

这个数学难题除了是著名的世界三大数学猜想之一

外，它还有一个独特之处，即这是首个不能在家中的写字台上完成，而需要借助于计算机的辅助才能完成的问题。这一点至今仍是数学家们热议的话题。

第 5 章　5：自然之数

“五指成拳！”这曾是魏玛共和国时期[⑥]担任德国共产党主席的恩斯特·台尔曼（Ernst Thälmann，1886—1944 年）用来动员其追随者的口号。然而，这句话所表达的正是许久以来人们与数字打交道时的基本经验。

一只手的五根手指共同组成一个整体，这比五根手指的顺序更有意义。在几乎所有发展了数字系统的文化

⑥ 魏玛共和国时期是指德国从 1918 年第一次世界大战结束到 1933 年纳粹上台的时期。

中，5 都是一个特殊的数字。

当我们用手指计数时，5 是第一个计数上限。因此，它自然成为“较大的单位”之一。我们将 5 个数字合并成一个新单位，例如，刻痕计数时在前四条竖线上加上一条横线，形成一个 5。此外，罗马数字“V”也是“IIIII”的缩写形式。

5 作为一个特殊的计数单位，还与心理学上的一种现象十分吻合：我们不需要计数便可直接确定摆在面前的 5 个或更少的物体的数量，而面对更大的数量，这就不太可能了。

数字 5 的显著特征还体现在其几何形状上，例如，正五边形或者五角星。这些形状展现了连接的紧密。如果将平面上五个均匀分布的点依次连接起来，就会得到一个正五边形；如果是每隔一个点，就会得到一个五角星（如图 5-1）。

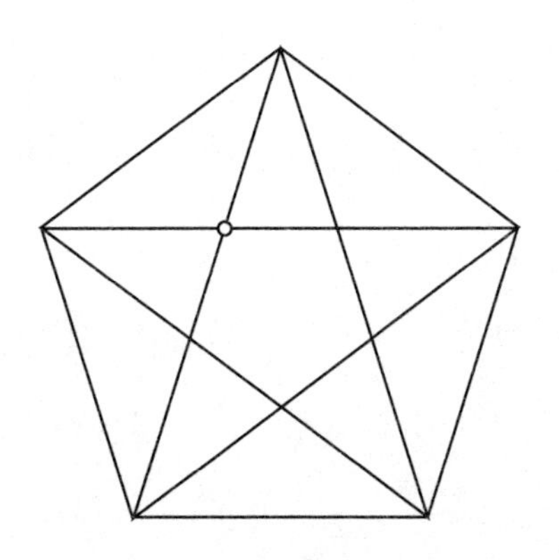

图 5-1 正五边形和五角星

在自然界中，五角星的形状大多出现在花朵上，绝大多数花都有五重对称的花瓣，例如，所有的蔷薇科植物——除了蔷薇，还有樱桃、李子和草莓等。鼠尾草、罗勒、牛至和马铃薯也是五齿萼属。如果你横切一个苹果，苹果核会显示出一个五角星。杨桃的横切面就是一个几乎完美的五角星，一只海星也正好有五条腕。

这些数字很能说明问题：在大约 24 万种开花植物中，约有 6 万种是三基数的（这些是单子叶植物），只有约 4 000 种是四基数的，其余约 17.5 万种是五基数的。

当我们想展示一个特别重要的、突出的、有代表性的事物时，我们总是会使用五角星。例如，旗帜上的大多数星星都是五角星（如一些欧洲国家、美国、伊斯兰国家），就连酒店和过圣诞节布置的星星大多也是五角星。

五角星的神奇魔力亦可在歌德的《浮士德》第一部中感受到。当浮士德在书房里与梅菲斯特结束第一次谈话之后，梅菲斯特却无法离开房间，因为他在门槛上看到了一个有“缺口”的“五芒星”（五角星）。浮士德嘲笑他道：“五角星会让你痛苦吗？”之后，梅菲斯特耍了一个非常特别的把戏解决了这个问题：他先让浮士德在歌声中入睡，然后召来一只老鼠，咬坏“阻碍他的魔障”，这样他就可以逃脱了。

正五边形或五角星在思想史上也具有重要意义，借助它们，人类发现了第一个无理数。

毕达哥拉斯学派的学者深信“万物皆数”；他们认为所有现象都与自然数（数字1，2，3，…）和自然数的比例相关联。现如今，我们把这些比例，如2∶3，写成分数2/3，这些分数也被称为“有理数”（源自拉丁语“ratio”，即“比例”）。

毕达哥拉斯学派的弟子，来自梅塔蓬图姆[⑦]的希帕索斯（Hippasos，约公元前500年），大概是在五角星上发现了一些不能用自然数表达的比例。因此，这些比例并不构成有理数，而是“无理数”（非有理数）。

具体是这样的：例如，在五角星水平线的两端有两个“内角”。这些内角的左侧线将水平线分割成了两部分线段，一部分线段短，另一部分线段长，而这两条线段的长度之比就是一个无理数！

这一事实无法从经验中得到验证，因为通过测量，人们只能得出合理的比例。这一点必须用数学的方法加以证明，这正是希帕索斯所做的。他的证明也表明了希腊数学在当时已经发展得十分成熟。

希帕索斯是采用反证法来证明无理数的。他先假设有一个五角星，其中短线段和长线段的长度比例是有理数。之后，通过相应地放大图形，得到短线段和长线段的长度是自然数，例如5和8。

---

⑦ 意大利古地名，在今亚平宁半岛南部塔兰托附近。

然后，希帕索斯观察图形中间的正五边形。如果画出它的对角线，又会得到一个小五角星。之后，希帕索斯证明出，在这个小五角星中，对角线上的短线段和长线段的长度也是一个自然数。以此类推。

然而这让进一步的验证陷入了僵局，因为我们考虑的线段的长度变得越来越小，但自然数不能小于 1，所以就出现了一个矛盾。由此证明，希帕索斯的假设是错误的。因此，最后得出结论：五角星中那两条线段的长度之比是一个无理数。

顺便说一下，长线段和短线段的长度比被称为“黄金分割”（参见第 35 章“ϕ：黄金分割”，第 211 页）。

第6章　6：自然之形

1611年元旦，德国天文学家、数学家约翰内斯·开普勒（Johannes Kepler，1571—1630年）送给他的朋友和赞助人约翰·马修斯·瓦克尔·冯·瓦肯费尔斯（Johann Matthäus Wacker von Wackenfels，1550—1619年）一本小册子，书名非常好，叫作《六角雪花》。开普勒曾仔细观察过雪花，他注意到雪花是精细的分叉结构，在每个分叉处形成60度或120度的角，这正是正六边形的特征。现在我们已经知道，这种形状是基于水的分子结构。

正六边形是在开普勒的小册子中首次被提及的。

开普勒在文中推测：正六边形是自然界中的一个基本形状。

其实，大自然创造出了许多正六边形，例如，蜂巢就是由正六边形奇妙地结合在一起的。在蜂巢结构中，规则的正六边形完美地结合在一起，形成一个完全规则的图形，没有任何瑕疵。人们将这样的无缝隙重叠现象称为“平面镶嵌”。如果我们观察一下正六边形平面镶嵌图的边缘，就会发现单元格的边缘全部衔接在一起。再观察一下角，就会发现，在任何一个区域，正好有三个正六边形，而且它们的三条边相连接。这样一来，位于一个角顶点处的三条边组成了三个同等大小的角，即每个角为 120 度。

自然界中通常会自动形成正六边形。更准确地说，正六边形的角在很多情况下都是自动形成的。比如，取一些可塑性强的材料——面团、橡皮泥、泥土、蜡等，将其分成三份，并大致放置在正三角形三个角的位置上，再将它们紧紧挤压在一起。神奇的是，每两部分之间形成了笔直的界线。从上面看，你会看到三个相等的角，即120度的角。

我们也可以在厨房里观察到这种现象。如果把要蒸的馒头放到模具里，然后放进烤箱，馒头因膨胀而挤到一起，形成一个大致的正六边形图案。

正六边形的稳定性还被应用在六角螺母上，它可以很容易地被拧到螺栓上而不滑落。内六角螺栓的发明更加巧妙。这些螺栓头部的内侧嵌入了一个“正六边形”，这样就可以用内六角扳手来拧紧或松开。这项发明可以追溯到美国人威廉·G. 艾伦（William G. Allen），他早在1910年就申请了该项专利。因此，在美国，这种扳手也被称为艾伦扳手。德国公司Bauer & Schaurte于1936年在德国为这种类型的扳手申请了专利，并以INBUS（Innensechskantschraube Bauer und Schaurte）内六角扳手的名称将其投向市场。

开普勒在他的书中阐述了关于数字6和正六边形结构的其他表现形式。除了他热衷的蜂巢，他还谈到了高密度的圆形和球体堆积问题。

让我们想象一组相同大小的硬币。我们可以在一枚硬币周围正好摆下 6 枚硬币，它们完全贴合在一起。如果将这个模式扩展下去，就会得到一个“圆形堆积”的平面。开普勒思考的问题是，这种“六边形”的堆积是否是最密集的堆积形式，即覆盖面积是否最大。开普勒计算出这种圆形堆积覆盖面约为 90.7%，或者更准确地说，是 $\pi/2\sqrt{3}$。

开普勒进一步思索：那么，在三维空间中，情况会怎么样呢？怎样才能将炮弹装得最密集？或许我们可能会问：怎样才能把橙子堆起来，并让它们尽可能地紧密？

对此，开普勒也计算出，通常这种常见的“正六边形橙堆”的密度为 $\pi/3\sqrt{2}$（即 74.048%）。

几个世纪以来，关于最密集的圆形堆积和球体堆积这两种现象的证明问题，在数学界一直悬而未决。直到 1910 年，挪威数学家阿克塞尔·图厄（Axel Thue，1863—1922 年）终于证明出圆形堆积问题。相比之下，球体堆积问题就显得不那么容易了，一直到 2005 年后才由美国数学家托马斯·克里斯特尔·黑尔斯（Thomas

Callister Hales，1958年—　）成功证明。他在证明中除运用了广泛的理论知识外，还利用大量的计算机计算来辅助证明。

早在开普勒认识到正六边形的基本意义之前，数学家们就在关注数字6。他们从简单的等式1+2+3=6开始，将数字1，2，3解释为构成数字6的因子（6本身除外），1+2+3又等于6。古希腊数学家发现乘法结构（因子）和加法结构（总和）之间的这种联系非常吸引人，因此他们将数字6称为“完美数”（现通常称“完全数”）。一般来说，如果一个数字恰好等于它的“真因子”[8]之和，则被称为“完全数”。

下一个完全数是28，这或许是通过多次尝试找到的。28恰好是其真因子1，2，4，7，14的和。

从当代的视角出发，由于其名称的特殊性，完全数往往被过度解读。例如，神父圣奥勒留·奥古斯丁（Saint Aurelius Augustine，354—430年）将完全数6与《圣

⑧　“真因子”又被称为“真因数”，是指一个自然数除它本身以外的因数。如6的因数有1，2，3，6，真因数是1，2，3。

经》记载的上帝用六天创造世界联系起来。奥古斯丁在《上帝之城》一书中写道："这（由上帝创造的）世界是在六天内完成创造的……正是源于数字 6 的完美性。"他接着写道，"并不是说上帝需要一段时间而不能同时创造一切……而是因为万物的完美性要由数字 6 来体现。"因此，人们获得的印象是，奥古斯丁认为有必要就数字 6 的问题来维护上帝的旨意。

要找到完全数其实并不容易，（继 6 和 28 之后）第三个完全数是 496。人们会不由自主地问：那么，下一个完全数是什么呢？或者说，还有没有下一个完全数？

在欧几里得的《几何原本》中，我们早就发现了一个获得完全数的秘诀。最重要的因素是一种特殊类型的质数，即正好比 2 的幂小 1 的质数。2 的幂是 4，8，16，32，64，…一般来说，我们可以把 2 的幂写成 2^k。我们要找的质数比这些数字小 1，则它们可能是数字 3，7，15，31，63，…或者是数字 2^k-1。

我们会立刻发现，这些数字并非都是质数。例如，15 和 63 都不是质数，但这对我们来说并不重要，我们只需找出列表中的这类质数，即形式为$p=2^k-1$的质数p。例如，$3=2^2-1$，$7=2^3-1$和$31=2^5-1$。

用2^k-1得到的质数再乘以2^{k-1}，就可以得到一个完全数。例如，从$31=2^5-1$我们可以得到完全数$(2^5-1)\times 2^{5-1}=31\times 16=496$。

伟大的数学家莱昂哈德·欧拉（Leonhard Euler，1707—1783年）运用反证法证明出每个完全数都是偶完全数。

这里还有两个问题。首先，只有极少数形式为$p=2^k-1$的质数是已知的。这些数也被称为“梅森素数”，迄今为止（2020年）只发现了51个。其次，尽管经过了几千年的研究，但我们不知道是否存在一个奇完全数。

“到底有多少个梅森素数呢？”以及“是否存在奇完全数？”这两个问题目前仍是数学界尚未解决的难题。

第7章　7：无稽之“数”

提到数字7，你会联想到什么呢？或许大多数人首先想到的是童话故事，例如《七个小矮人》中的七个小矮人，《狼和七只小羊》中的七只小羊，《小拇指》中的七里靴，《勇敢的小裁缝》中小裁缝一下打死了七只苍蝇，还有《航海家辛巴达》中辛巴达经历了七次冒险。

7在历史神话中也很突出：希腊七贤、世界七大奇迹、罗马七丘。在宗教背景下，7也几乎无所不在：七个丰年和七个荒年，耶稣在十字架上的七句遗言、七宗罪、七大圣礼[⑨]、七枝烛台[⑩]。还有我们所熟知的七年战争[⑪]、七大洋、七睡仙节[⑫]、数学界的七桥问题、七年之痒、“007”……还有人们习以为常的一周七天。

然而，这些现象中的每一个数字7都不是通过实际计算得出的，更多的是出于人类的想象，人们想要这个数字，于是就将它发明了出来。讲述和复述这些童话或故事的人只是觉得数字7很合适。甚至在公元前3000年美索不达米亚的苏美尔人讲述的原始神话中，数字7也扮演了非常重要的角色。

很多情况下，与数字7相关联的事物似乎比与之对应的现实情况重要得多。例如，虽然涉及希腊七贤

---

⑨ 七大圣礼：俗称基督教“七礼”或“七圣礼”，是七种被赋予特殊神圣含义的仪式，是基督教会一切宗教活动的基础。

⑩ 犹太教的徽号和以色列国国徽的中心图案。

⑪ 1756—1763年间，由欧洲主要国家组成的两大交战集团在欧洲、美洲、亚洲的印度等广大地域和海域进行的争夺殖民地和领土的战争。

⑫ 每年的6月27日是德国农谚节气“七睡仙节”，该节源自纪念基督教历史上的“以弗所七睡仙”事迹。

的每一份史料中都包含七位圣者的名字，但由于史料不尽相同，以至于卢恰诺·德克雷申佐（Luciano di Crescenzo）得出如下结论:“七贤包含二十二人。”每个世界奇迹的名单中都列出了七大奇迹，但对于哪些奇迹进入了名单，人们也是各执一词。几个世纪以来，关于罗马七丘的解释不断发生变化，七大洋也无法被准确定义。因此可以说，贤人、海洋和世界奇迹的数量不是由科学确定的，但 7 却是“正确”的数字，是叙述者和听众观念中的可信数字。

当我们自问，数字 7 在现实中是否存在时，我们难免会失望。我们只能发现少量的没有说服力的物体。例如，没有具有七重对称性的晶体，我们只知道有一种植物的花有七片相同的花瓣，即“七瓣莲”。仰望天空，我们会发现：北斗七星由七颗星组成，昴宿星团（又被称为七姊妹星团）也是如此。但是我们都知道，即使不使用望远镜，我们也能看到几千颗星星，所以这一点太微不足道了。

比较有代表性的还有我们肉眼可见的七个移动天

体：太阳和月亮，以及水星、金星、火星、木星和土星这几大行星。对于几千年前的人类来说，对天空的探索比对我们自身的探索更重要。显然，太阳和月亮发挥着特殊的作用。我们在观察夜空时会注意到，几乎所有的星都是恒星，这些恒星在天穹上围绕天极一起旋转。其他星体，即水星、金星、火星、木星和土星等行星，并不遵循这一规律，而是按照自己的轨道运行。

一周内星期几的命名有力地证明了这七个“移动”的天体被视为是一个整体的“七”：周日（太阳）、周一（月亮）、周二（意大利语“martedí”，火星）、周三（意大利语“mercoledí”，水星）、周四（意大利语“giovedí”，木星）、周五（意大利语“venerdí”，金星）、周六（英语“saturday”，土星）。

最有趣的是，对我们人类来说，有关7的最重要的事件实际上是一周中的七天。为什么一周由七天组成，而不是由五天、六天或八天组成，这很难合理地证明。天文学针对太阳、月亮和其他星体，只能提供大概的信息。什么是一天，什么是一年，并不是由我们人类自己掌控的，但我们能肯定的是：一天是地球绕轴自转一圈的时间，一年是地球绕太阳转一圈的时间。因此，每年的天数几乎是固定的，甚至一个月也几乎是固定的：从新月到下个新月的时间大约是 29.5 天。将这个数字分成五天或六天要比分成七天的周期更容易。将一个月分为四个部分可能是由于月亮变化的四个阶段：满月、下弦月、新月、上弦月。不管怎样，一周七天制已经在全球范围内形成了惯例。

一周七天制起源于《圣经》开篇讲述的创世故事。上帝用六天时间创造了世界，在第七天休息。这七天组成了一个星期。起初，一周开始于休息日（也叫作安息日，星期日），现如今这一天已演变为“周末”。

我们还会发觉一个巨大的反差。一方面，数字 7 在现实世界中出现得特别少；人们甚至可以问心无愧地说，它事实上并没有出现。另一方面，我们对数字 7 在神话、故事和人类发明的世界中无所不在感到十分惊奇。

影响数字 7 特性的因素是：它是一个质数。7 不是第一个质数，因为在它之前还有质数 2，3 和 5。但对于这些数字来说，其质数特性相比于其他特性显得黯然失色。7是一个质数，因此除了1和它本身以外，不能被其他数整除。相比之下，6不是一个质数，因为6除了被1和它本身整除以外，还能被2和3整除。

质数是最重要且最有趣的自然数。它们之所以重要，是因为它们是数字领域的基本元素。这意味着其他每一个自然数都可以由质数组成。例如，自然数12被质数2和3分割，12可以由它们组成：$12=2\times2\times3=2^2\times3$。事实上，任何大于1的自然数都可以被明确地写成质数的乘积。

质数很有趣，因为尽管它们的定义很简单，但2500年来，它们不仅让数学家着迷，还让他们有了更多的挑战。数学界早期的亮点之一是质数无限定理，即质数的序列永远不会断。在古希腊数学书——欧几里得的《几何原本》中可以找到一点与之相关的内容。但这个无限的质数序列具体是怎样的，直至今日，数学家们还无法精确地阐明。例如，我们不知道如何从一个质数计算出下一个质数，甚至我们还不知道质数的公式。简而言之，我们已经知道了很多关于质数的知识，但绝不是全部。

数字 7 的数字属性能解释它的重要意义吗？也许一个原因是，7 是紧随 6 之后的数字。6 在各方面都是一个完美的数字，它可以被分成两部分，也可以被分成三部分；它是“圆的”，本身就很完美和谐。然而，数字 7 却超过了数字 6。这是一个新的统一体，甚至是超过了 6 的统一体。同时，7 是一个质数，所以 7 绝不像完美的 6 那样和谐，但它本身却妙不可言，在人的思想境界中独占一席。

第 8 章　8：神奇之美

从意大利南部城市巴里向意大利内陆行驶，你的眼球很快就会被矗立在荒山上的一座巨大的几何体建筑吸引。人们几乎无法用语言来形容它。越靠近它，你就越会发现它的奇特之处，感觉它仿佛是“从天而降”的外来之物。

这座神奇的建筑就是——蒙特城堡，由神圣罗马帝国皇帝腓特烈二世派人于 1240—1250 年间建成。这座城堡到底是防御要塞、狩猎行宫，还是腓特烈二世皇权的象征，历史学家们莫衷一是。但毋庸置疑的是，这座独特的旷世之作展现出来的美源自其规整的几何形结构。

建筑的平面图是一个直径为 56 米的正八边形。25

米高的城堡矗立在地上。正八边形的每个角上还各有一座平面为正八边形的小塔，就连城堡内部的庭院也是一个规则的正八边形。数学在这精美的建筑上得以完美地呈现。

为什么蒙特城堡是以正八边形为基础，对此无人得知。其中一个学派认为这是皇权的象征，因为中世纪时期皇帝加冕的皇冠平面明显呈正八边形。在当时，还有一系列重要的圣殿建筑也是正八边形的，例如亚琛大教堂，还有国王的加冕礼堂等。另一种解释是，基督教自古以来就认为第八天是复活的日子，即创世七天后新的一天。

从几何学的角度来看，正八边形是一个特别有吸引力的多边形。它几乎和正方形一样容易画：你只须画出正方形上、下、左、右四条边的中间部分（长度一致），然后用斜线将这些线段的两端相连，便形成了一个正八边形（如图8-1）。

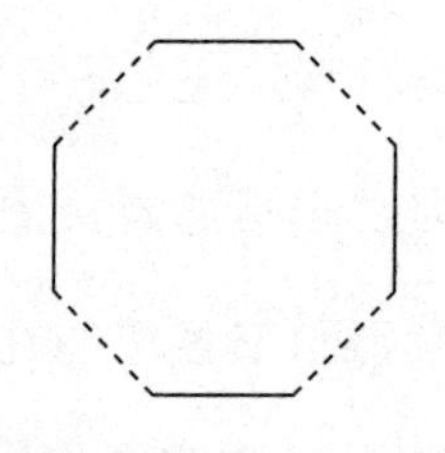

图8-1　正八边形

正方形本身就是高度对称的图形。在正八边形中，不仅角和边的数量是正方形的两倍，而且对称轴的数量也增加了一倍：平行对边中心点的四条连接线以及相对顶点的四条连接线都是对称轴，总计有八条对称轴（如图 8-2）。

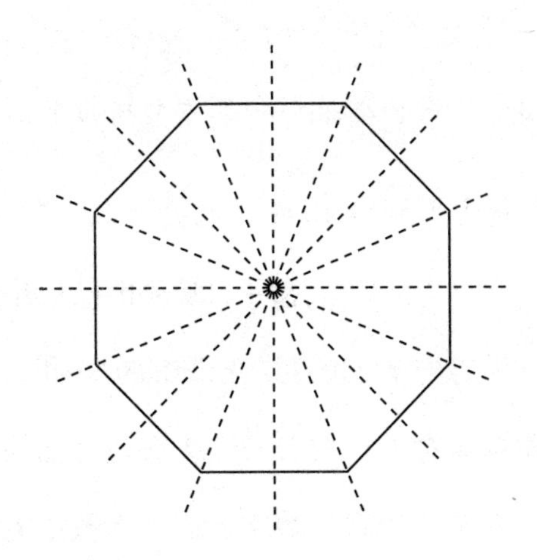

图 8-2　正八边形的对称轴

然而，正八边形并不比正方形规整。你不能用正八边形来拼接平面，但如果你在其中加入小正方形，这些图形就会被整合在一起，形成一个美妙的图案（如图 8-3）。

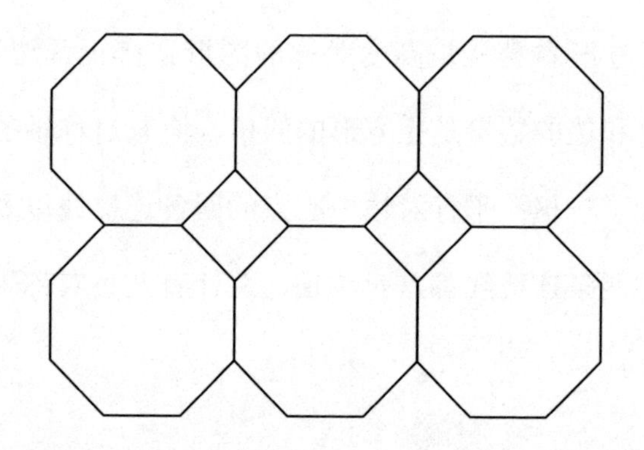

图 8-3　用正八边形和正方形拼接的图案

如果把正方形旋转 45 度，就会形成一颗八角星。

在我们日常生活中，数字 8 最突出的应用是在正八边形的停车标志牌上，还有八条腿的蜘蛛和八只爪的章鱼。章鱼和蜘蛛对于有些人来说或许是恐怖的。

在中国，8 是一个幸运数字。还有佛教中的"八正道"包含了人生的八条戒律：其标志是八辐法轮。

音阶由八个音符组成，在 c，d，e，f，g，a，b 或 do、re、mi、fa、sol、la、si 这七个音符之后，音阶从第八个音符重新开始。这就是为什么"八度"由八个音符组成。

如果用德语写出数字 1，2，…（eins、zwei、…），

那么按首字母顺序排列，8（acht）是第一个数字。这在英语中也是如此，按首字母顺序排列，8（eight）也是第一个数字。

数字8有各种有趣的特性。例如：它是一个立方数，即三次幂（2^3），甚至是除了1以外的第一个立方数。更有趣的是，立方数8紧挨着平方数9。用数字表示为：$2^3+1=3^2$。顺便说一下，这样的组合仅此一个。

在几何学中，数字8体现在正八面体上。这是一个正好有八个平面的几何体，所有面都是等边三角形。你可以先想象一个正四面体的金字塔，进而想象出正八面体。正四面体金字塔除了一个正方形底座外，还包括四个等边三角形。接着，再拿一个正四面体的金字塔，使其顶端朝下，然后把两个面体的底部贴在一起，这样就组成了一个正八面体。

正八面体是正多面体，因为每个面都是一个规则的正n边形（在正八面体中，$n=3$），并且在每个顶点上有相同数量的侧面汇集在一起（正八面体每个顶点上有4个侧面汇集在一起）。数学界早期的定理中有一个是：

正多面体只有五种。除了正八面体之外，还有正四面体、正六面体、正十二面体（由 12 个正五边形组成）和正二十面体（由 20 个正三角形组成）。

图 8-4 是莱昂纳多·达·芬奇（Leonardo da Vinci，1452—1519 年）为意大利数学家卢卡·帕乔利（Luca Pacioli，1445—1517 年）的《神圣比例》一书绘制的一幅正八面体插图，1509 年出版。

图 8-4 《神圣比例》中的正八面体插图

正八面体和正方体关联紧密，有人称之为“双”体：正方体有 8 个顶点和 6 个面，而正八面体则相反，它有

6 个顶点和 8 个面。这种数字上的相等有一个几何原因：如果将正八面体相邻面的中心连接起来，就会得到一个正方体，反之亦然。

古希腊哲学家柏拉图（Plato，前 427—前 347 年）证明了世界上只有五种正多面体。这一发现非常了不起，因为大多数数学对象（数字、质数、三角形、四边形……）都有无限多。所以，他发现的这一点非常重要，以至于他将这些多面体与古希腊的四种元素（正四面体 = 火，正方体 = 土，正八面体 = 空气，正二十面体 = 水）联系起来。缺少的正十二面体当时与宇宙有关，后来与“精髓”，即精神元素相关联。

正多面体现如今也被称为“柏拉图立体”（参见第 13 章“12：整体大于部分之和”，第 80 页，以及第 20 章“60：最佳数字”，第 122 页）。

第9章 9：枯燥无味？

9似乎是第一个无聊的数字。它是奇数，而且不对称。它不是质数，也没有7的奥秘。数字9是一个平方数，紧跟在立方数8的后面。

即使在现实生活中寻找含有9的代表物，也收效甚微。我们找到了七鳃鳗，它是鱼状脊椎动物，当然了，它只有两只眼睛。“七鳃鳗”这个名字来源于它的两侧各有九个开口：每一侧除了一只眼睛和一个鼻孔外，还有七个鳃裂开口。

9的第二个表现形式是保龄球运动中木瓶的数量。人们希望通过投球的方式将“九个木瓶”全部击倒。

在宗教、神话等领域，数字 9 也很少出现。即使它偶尔出现，人们也会觉得这纯属巧合。在这些情况下，数字 9 与其属性或其他表现形式没有关系。

例如，伊斯兰教的斋月是在伊斯兰历的第九个月；在基督教传统中，9 被称为“圣灵之数”。这里引述《圣经》中的两个例子，《加拉太书》第 5 章第 22 节说圣灵的果实是仁爱、喜乐、和平、忍耐、恩慈、良善、信实、温柔和节制。如果你数一数果实个数，就会得出数字 9。就像《哥林多前书》第 12 章第 8 ～ 10 节中列举的特殊恩赐一样，但没有任何地方强调过 9 这个数字。

再例如，在古埃及神话中，赫利奥波利斯神系的“九柱神”是众所周知的，包括创造世界的九位主神；在古希腊神话中，有九位缪斯女神。

此外，但丁·阿利吉耶里（Dante Alighieri，1265—1321 年）的《神曲》讲述了九层地狱；在中世纪，九大英雄是非常有代表性的，他们被分为三系：恺撒、赫克托耳、亚历山大——约书亚、大卫、犹大·马加比——哥特弗里德·冯·比隆、查理曼大帝、亚瑟王。

另外，还有九位女英雄也同样被世人追捧。

还有一个传言，据说所有伟大的作曲家都正好写了九部交响曲。然而，这完全是错误的。这个想法可能源于贝多芬的《第九交响曲》所产生的巨大影响。只有作曲家贝多芬和德沃夏克正好创作了九部交响曲（海顿104部；莫扎特41部；舒伯特8部，包括其未完成的；舒曼4部；门德尔松5部；勃拉姆斯4部；布鲁克纳11部，有些还有好几个版本；马勒10部，包括他的第九部，他称之为《大地之歌》；肖斯塔科维奇15部；艾夫斯4部；西贝柳斯7部）。

总而言之，在现实世界中，数字9似乎真的是一个让人找不到任何特别之处的数字。在数学中，数字9起到了一定的作用，也许不是主要作用，但依旧很重要。

“幻方”是指将数字1，2，…9安排在一个3×3的大正方形格子中，使每行、每列和每条对角线数字的和都是15，而且只能是15。由于把1到9相加的和是45，并且这个数值必须平均分配给3×3的大正方形里每行、每列和每条对角线，所以它们的数值的和是：

45÷3=15。如果你尝试着摆放这个图形，你会发现只有一种可能性：5必须在中间，偶数在四个角，奇数在其余位置。

也许这就是这个方块有“魔力”的原因：尽管数字必须满足大量条件,但还是有一个解决方案。无论如何,最古老的魔方，即中国的洛书，已经流传了几千年（如图9-1）。

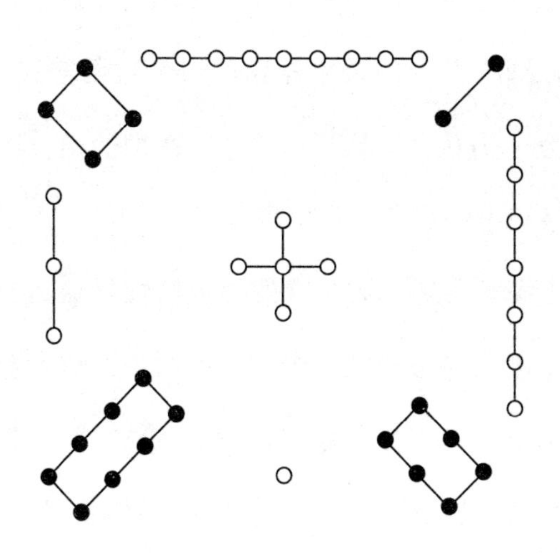

图9-1 洛书

现在流行的数独也是以数字9为基础的：你必须在

一个 9×9 的正方形格子中，将数字 1 至 9 各填 9 次，而这个数独盘又被分成九宫，每一宫又有 9 个小格。

在井字棋游戏中，两个玩家轮流在 3×3 的方格中填入一个圆圈或一个叉；第一个用自己的符号填满一行、一列或一条对角线的 3 个方格的玩家获胜。

现在让我们来看看数字 9 的数论属性。9 的序列，即 9 的倍数，是 18，27，36，45，54，63，72，81，90，…如果你背诵这个序列，就很难逃脱这个神秘规律的魔力，即十位上的数字相比前一个数各增加了 1，个位上的数字则从 9 倒数排到 0。更特别的是，每个数的十位数字和个位数字的和都是 9。

这让我们看到了数字 9 的可分解性，这是一个小小的数学奇迹。要想知道一个数字能否被 9 整除而没有余数，根本不需要将整个数进行除法运算，而只需要检验从这个数字中提取出来的数的和（“横加数”）的可整除性。例如，如果你想知道 837 能否被 9 整除，就可以把组成它的数字相加：8+3+7=18。因为 18 能被 9 整除，所以 837 就能被 9 整除。

对于像“123 456 789”这样的大数字，运用这样的规律来计算会更加令人印象深刻。其横加数为：1+2+3+4+5+6+7+8+9=45。由于45可以被9整除（因为45是9的5倍），所以这个大数字也可以被9整除。

这种被称为“九余数法”（弃九法）的方法是检验运算（加法或乘法）正确性非常有效的手段。这种方法可能起源于印度，由莱昂纳多·斐波那契（Leonardo Fibonacci，约1170—约1240年）于1202年提出，并由亚当·里斯（Adam Ries，1492—1559年）推广。应用弃九法要考虑两个方面：一方面是除以9之后的余数，另一方面是用其余数进行的运算。

一个数字除以9时，通常会有一个余数。例如，47除以9等于5，余数为2，我们写成R（47）= 2；同样，63除以9，余数是0，即R（63）= 0。但对于大数字来说，用这种方式确定“9的余数”是很困难的。幸运的是，有一个简便技巧。它的依据是：一个数字和它的横加数有相同的余数。这意味着我们可以通过确定横加数来判断：把这个大数字的横加数算出来，然后继续算这个横加数的横加数，以此类推，直到得到一个一位数。这就是弃九法的验算步骤。例如，47 的横加数是：4+7=11，11 的横加数是 2，因此，47 除以 9 的余数是 2。13 579 的横加数是：1+3+5+7+9=25，25 的横加数是：2+5=7，因此，这个数字除以 9 的余数是 7。

那么，如何使用余数来检查计算结果呢？这很简单：如果 $a+b=c$ 是正确的，那么相应的有余数的计算也一定是正确的，即 $R(a)+R(b)=R(c)$。例如，47+73=120。47 除以 9 的余数是 2，73 除以 9 的余数是 1，120 除以 9 的余数是 3，它们各自的余数相加即：2+1=3，那么 $R(47)+R(73)=R(120)$。

这种方法也适用于乘法。例如，计算 21×29 的结果，因为 21 除以 9 有余数 3，29 除以 9 有余数 2，所以计算结果的余数一定是：3×2=6。如果有人算出的结果是 689，我们就可以通过这个方法验证出这个结果是错误的，因为 689 除以 9 的余数是 5，正确的结果应该是 609。

通过弃九法，人们可以发现许多错误的结果——但不是所有的错误。例如，识别不出数字数位对调的错误。

然而，也有一种迹象能显示出数字数位对调了：如果在加减或相乘时有两个不同的结果，并且结果之间的差值可以被9整除，这表明在计算中使用的一个数字出现了数位对调。

第10章　0：象征空无

0的发现相对有些滞后。虽然第一份保存下来的有关0的史料可以追溯到3世纪，但0可能并且应该在很早以前就被创造出来了。

诚然，在当时的大多数数字系统中都不需要它。在埃及、希腊和罗马的数字书写方式中，都没有出现关于数字0的记载。因为在这些系统中，人们是将各个数字符号简单地罗列，形成一个数字。例如，罗马人将100+2×10+5+3×1=128写成CXXVIII。如果没有任何东西，他们就不会为它写一个数字，因此，即使没有使用0，在生活中也并没有出现误解。

0只在所谓的位值制[13]中起作用，而且发挥着重要的作用。

巴比伦人早在公元前2000年就使用了位值制，并非常成功地将其用于其他数字系统无法完成的计算。巴比伦的数字系统并不像我们的十进制系统那样以10为基数，而是以60为基数。因此，巴比伦人需要数字1，2，…59作为数字，并用楔形文字书写。

与任何位值制一样，一个数值的大小取决于它所处的位置。在十进制系统中，我们从右到左区分为个位、十位、百位……相应地，在巴比伦的六十进制中，每个数字都有一个1位，一个60位，一个3 600位，以此类推。含有数字3和5的两位数，按照巴比伦计数法的数值为：3×60+5=185。含有数字2、3和5的三位数的数值为：2×3 600+3×60+5=7 385。

如今，人们仍然使用这个六十进制的系统来划分时间。每分钟有60秒，每小时有60分钟，也就是

[13] 所谓位值制，就是用不同的空间位置表示不同的值。

60×60=3 600 秒。因此，含有数字 2，3 和 5 的巴比伦数字表示在 2 小时 3 分 5 秒内所经过的秒数。

巴比伦人知道数字 1 至 59，但不知道数字 0。如果一个地方什么都没有，他们就直接留下一个缺口。这是内容和形式的完美结合（在这里什么都没有，所以什么都没写）。但这样就会出现一个问题，因为数字 2　5 的序列可以解释为 2 个 60 再加 5 个 1，即 125。 但也可以将 2 和 5 之间的距离解释为一个空隙，这在书写时是不可避免的，那么就会得出：2×3 600+5，即 7 205。这样一来，一串数字背后可能隐藏的数值不是略有不同，而是相差悬殊！这给数字的实际运用造成了极大的障碍。

后来，一位美索不达米亚人产生了一个奇妙的想法，那就是用符号来准确地表示一个地方没有东西的事实。这个符号（两个小箭头）表示一个缺口，可以看作是零的前身。但它还不是数字 0，因为数字是人们可以用来计算的，而这个符号不能用来计算。

我们今天使用的 0 起源于印度，大约出现在 2000

年前。在可以追溯到3至4世纪的《巴克沙利手稿》中，0是作为一个小圆点出现的。手稿中0也主要是作为一个填补空白的标志或占位符，但它本身已经具有演变为一个数字的可能性。后来，印度人顺理成章地使用了0。例如，在印度中部瓜廖尔的一块石碑上——可以追溯到787年，它被使用了两次，分别代表数字270和50。

在接下来的几个世纪里，十进制系统和印度的0通过贸易路线传播到西方，尤其是在伊斯兰文化中被广泛接受。

印度数学家婆罗摩笈多（Brahmagupta，约598—约665年）在其作品《婆罗摩修正体系》中对0进行了非常详细的论述。他认为0不仅是一个空缺，也是一个可以计算的数字。例如，他提到0的一个属性："如果一个数字加0或减0，那么这个数字保持不变；但如果用一个数字乘以0，它本身就变成了0。"

约825年，著名数学家阿尔·花剌子米（Al Khwarizmi，约780—约850年）在大马士革编写了一部数学著作。在该书中，他首次将印度的0引入阿拉伯数字系统，使二者系统地关联起来，进而使其传播开来。这本书后来的拉丁语版名为《花刺子米的印度算法》(*Algoritmi de numero Indorum*)。书名中“*Algoritmi*”（算法）这个词很快就不再与作者有关，而是与计算方法有关。在今天，术语“算法”通常代表一种计算方法。

直到 1202 年，0 才流传到欧洲。在这一年，中世纪著名数学家莱昂纳多·斐波那契出版了《计算之书》。该书以“印度的九个数字 9，8，7，6，5，4，3，2，1”开篇。用这九个数字和阿拉伯人称之为“zephirum”的符号 0，便可以写出任何数字。然而，又过了三个多世纪，直到 1522 年，亚当·里斯在他的畅销书《运算的变革与突破》中才最终确立了十进制系统。

虽然源于印度的 0 在全世界盛行，但它并不是人类发明的第一个 0。拉丁美洲的玛雅人在 2000 多年前就已经使用了高度发达的数字系统，并用它来计算日历。他们使用的是以 20 为基数的位值系统，这或许与他们当时借助手指和脚趾来计算有关。而他们有着有史以来最美丽的 0，即一个小贝壳形状。

然而，玛雅文化和民族在10世纪就消亡了，其原因至今还是个谜。因此，玛雅人的数学，特别是他们的0，对世界其他地区数字系统的发展并没有多大影响。

第11章　10：有理之数

世界上没有任何事物能像我们人类的10根手指一样，对我们计数和对数字的理解产生如此大的影响。因为手指是最便捷的辅助计数工具。第一只手的5根手指形成了第一个暂停点，到了10就有一组完整的计数。

这就是为什么几乎所有文化中的数字系统都理所当然地以数字10为基数：巴比伦人用一个符号代表1，另一个符号代表10，来组成他们的数字。埃及人有1，10，100，1 000，…的符号标志。同样，罗马数字I，V，X，L，C，D，M也以数字10为参照。在希腊语和希伯来语中，数字1至9，10至90及100至900都用字母表示。

拉丁美洲的印加人在奇普（一种结绳记事法）中采用了十进制系统，用绳结的数量表示数字的值。诸如此类的例子，不胜枚举。

10的特殊地位还体现在大多数语言中，如数字1到10都有单独的名称，数字11和12与1和2相呼应，而从13开始则系统地使用数字名称。

毕达哥拉斯学派认为，10是一个“完美的数字”，因为它“几乎包含了数字的全部自然属性”。10用下面的形状来表示，被称为“圣十”（如图11-1所示），其中1+2+3+4个点排列成三角形。

图11-1 “圣十”

数字 10 作为至高无上的坚实整体的存在，主要是源于宗教中的“十诫”，其影响远远超出了犹太教和基督教的范围。

然而，数字 10 最重要的应用是十进制，即以 10 为基数的位值系统和 10 个数字 0，1，2，…9。这是印度在 3 世纪发明的，或者更准确地说，我们现在所使用的 0 是由印度发明的。

与其他所有位值系统（例如二进制）一样，十进制有两个优点，使其与其他所有书写数字的方式不同：

一是可以用数字表示任何大小的数字。在十进制系统中，我们只需要数字 0，1，2，…9 就能够写出较大的数字。

二是可以通过将所有运算方法（加、减、乘、除）简化为以数字的方式，即以非常小的数字，进行便捷的计算。在笔算加法时，需要将各个数位上的数字相加：首先是个位，接下来是十位，然后是百位……而在进行乘法运算时（笔算或机算），需要的仅是乘法表而已。

说到法国大革命，我们首先想到的是“自由、平等、博爱”的口号以及《人权和公民权宣言》。然而，该革命对所有形式的数字引入十进制系统，也同样产生了持久的影响。

这个想法的初衷是将历史上传统的长度和质量单位标准化，并将其置于一个合理的基础上。因此，所有旧的计量系统都被“共和的”（十进制的）计量系统所取代：1793 年 8 月 1 日，最初的“1 米”被换算成 100 厘米和 1 000 毫米，容量计量单位升（立方分米）也被确立。由于这些数量可以自由定义，人们就可以自由地引入“合理的”十进制单位。

时间的划分却是完全不同的。年和日的定义不取决于人类，因为相应的时间由天文事实而定，是不可操纵的。此外，出现的数字没有任何“好”的地方，并且根本不协调：一年由大约 365.242 天组成，一个月相的平均周期为 29.53 天。由于这些原因，设计出一个长期有效，最好是永远有效的日历是极其困难的。

法国大革命时期制定的历法是建立在理性的基础上，而不是由宗教传统，如基督的诞生、复活、升天等类似的东西来决定的。因此，革命者在这里也采取了激进的行动。他们把一年分为 12 个月，每个月由 3 个“10 天”组成，这就留下了 5 或 6 个闰日，在每年的年底补休。该历法于 1792 年生效，于 1805 年底废除。

另一个设想是采用十进制，以小时为单位划分一天。从 1794 年开始，每一天被分为 10 个小时，每个小时有 100 分钟，每分钟由 100 秒组成。然而，这个想法过于激进，因为人们不得不在第二天重新调整时钟。因此，与之相应的法律从未生效。

第12章 11：神秘数字

帕斯卡三角形是一种几乎可以自行产生的数字排列，其中蕴含着大量的数学规律和奥妙。因此，从探索其奇妙的组合形式和丰富的趣味性角度出发，过渡到对其数学规律的系统研究，帕斯卡三角形绝对是经典案例。

尽管法国神学家和数学家布莱瑟·帕斯卡（Blaise Pascal，1623—1662年）于1655年在他的《算术三角形》中定义并研究了帕斯卡三角形，但他并不是做这项研究的第一人。早在1631—1632年，帕斯卡三角形就出现在德国数学家彼得·阿皮安（Peter Apian，1495—1552年）的一本数学书的扉页上。大约一个世纪前，意大利数学家尼科洛·塔尔塔利亚（Niccolò

Tartaglia，约1499—1557年）也“发明”了它。

中国数学家杨辉（约1238—约1298年）在1261年就已经研究过这个三角形，但他也不是第一个。因为大约在同一时间，即在10世纪的印度和波斯，数学家奥马尔·海亚姆（Omar Khayyam，约1048—约1131年）也在探讨这个三角形。

这就是为什么人们把帕斯卡三角形以不同的名称命名。在意大利，人们称其为“塔尔塔利亚三角形”；在中国，人们称之为“杨辉三角形”；在伊朗，它被称为“海亚姆三角形”。

那么，什么是帕斯卡三角形？这是一个三角形的阵列，原则上讲有无限多的行列，开始是这样的（如图12-1）：

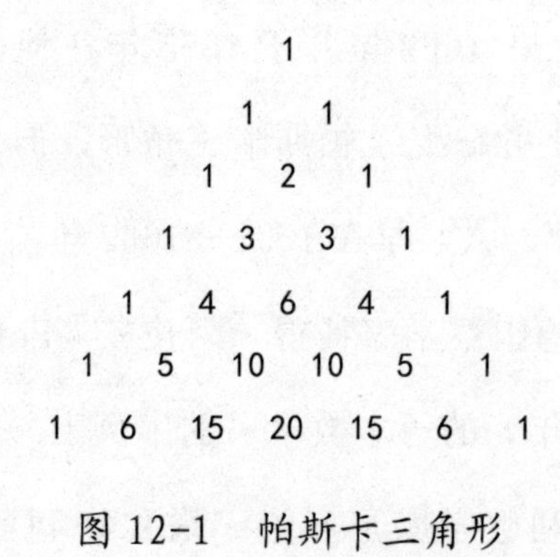

图12-1　帕斯卡三角形

这个三角形的结构为：每一行中两端都有一个数字1，其余每个数字都是它上面两个数字的和。例如，第六行分解如下：

1　1+4　4+6　6+4　4+1　1

帕斯卡三角形有许多有趣的特性。在这里，我们只列举两个：

一是每行数字之和都为2的幂，即1，2，4，8，16，…

二是如果对一行中的数字交替地进行加减运算，结果总为0。例如第五行，我们得到1-4+6-4+1=0。

帕斯卡三角形和数字11之间隐藏的紧密关系更令人惊奇。可以说，数字11是帕斯卡三角形的基础所在。因为从数字11的角度出发，帕斯卡三角形可以表示为数字11及11的幂，即数字11^2和11^3等。

第二行可以读作数字11。下一行读作121，即11^2。再下一行读作1 331，即11^3。每一行的情况都一样。

如果想知道 11^4 是什么，就去看第二个数字是 4 的那一行，在那里就会找到答案。从右往左读，结果是：1 个一、4 个十、6 个百、4 个千和 1 个万。

再来看看下一行，就可以知道 11^5 是由 1 个一、5 个十、10 个百、10 个千、5 个万和 1 个十万组成的数字。你会发现：我们不用将 10 个百换算成千，10 个千也可以保留不动。也就是说，我们计算的是 11 的幂，不需要进位。个别地方会出现大数字，但这并无大碍，我们在任何情况下都会得到一个定义明确的数字。

为什么这种推导可行呢？我们再看一下第六行。假设我们已经验证过前一行代表的数字 11^4。我们计算 11^5，得出 $11^5=11^4\times 11$，由于 $11^4=14\ 641$，所以 $11^5=14\ 641\times 11$。

还记得你在上小学时是如何以笔算形式学习乘法的吗？如果我们想用 14 641 乘以 23，我们会先用 14 641 乘以 3，然后再用 14 641 乘以 2，以交错的方式把两个结果一一写在下面，然后把它们相加。

乘以 11 就更简单了：我们只需要把数字 14 641 在

下面错开写两次，然后相加：

	1	4	6	4	1
				×1	1
	1	4	6	4	1
1	4	6	4	1	
1	1+4	4+6	6+4	4+1	1

最后一行正是帕斯卡三角形的下一行！所以这一行等于 11^5。

11 在日常生活中的出现也体现出一些特性：它隐藏在暗处，并且有时会误导我们。

例如，狂欢节干事会由 11 名成员组成，这是为了避免使用 10 和 12 这两个代表重要团体的数字。

再例如，为什么一支足球队必须正好由 11 名球员组成，这一点还不清楚。今天的模型计算表明，保持 11 名球员（10 名场上球员，1 名守门员）在某种意义上是“正确”的。球员数比这个多，会使比赛变得局促；比这个少，会使比赛变得乏味。另外，足球比赛中的“点球点”也与 11 米有一点儿关系。实际上，点球点距离球门线正好是 12 码，大约是 10.97 米。

11 所暗藏的力量在其可分割性上表现得尤为明显。人们可以很容易地检查一个数字能否被 11 整除。

例如：

1. 我们写下任何数字，例如 π 的前五个数字组成的新数字：31415。这是我们要观察的数字的前半部分，后半部分是所选数字的镜像数，也就是得到数字“3141551413”，这样形成的十位数总是能被 11 整除！

2. 在计算器或电脑键盘的数字小键盘区，选择能够组成一个矩形的角的四个数字。例如，在第一行选择 7 和 9，在第二行选择 4 和 6。现在顺时针或逆时针输入这些数字，就会得到一个四位数，例如数字“4 697”。如果将其除以 11，你会发现：能够整除！

一般来说，人们可以通过观察一个数字的“交错加减和（也叫奇偶位差和）”来检验这个数能否被 11 整除。“交错”的意思是“交替”，是指交替地进行数字的加法和减法运算。例如，数字“9 471”的交错加减和是：+9-4+7-1=11。

规则是：如果一个数字的交错加减和能被 11 整除，那么这个数字本身也能被 11 整除。因此，列举的数字“9 471”是可以被 11 整除的。

由于 0 可被 11 整除而没有余数，因此下面的情况尤为适用：如果交错加减和为零，则该数字可被 11 整除。

借用这个规律就可以解释为什么镜像数能被 11 整除了，例如刚才提到的，3141551413 的交错加减和是：+3-1+4-1+5-5+1-4+1-3。如果将这个表达式从内向外观察，就会发现，先是两个 5 相互抵消，接下来是 1，然后是 4 和 1，最后是 3。所以交错加减和始终为 0。

第 13 章　12：整体大于部分之和

如果“完全数”还没有被定义，那么一定要提一下完全数 12。由十二个对象组成的整体，其结构是如此坚实和清晰，以至于不能再有其他设想。但十二个对象中的每一个都只扮演着整体中一个分支的角色，如作为独立的个体出现，就显得没那么重要了。

一天十二个时辰、一年十二个月、黄道十二宫、十二圆桌骑士和半音阶的十二个半音都是如此。总之，这些示例都与数字 12 有关。

希腊神话中，希腊最高的山脉奥林匹斯山上居住着以下十二位奥林匹斯主神：宙斯、波塞冬、赫拉、德墨忒耳、阿波罗、阿尔忒弥斯、雅典娜、阿瑞斯、阿佛洛狄忒、赫尔墨斯、赫菲斯托斯和赫斯提亚。

在《圣经》中，这个数字也非常频繁且突显地出现。一开始是雅各的十二个儿子，再由他们发展出以色列的十二个支派，而耶稣的十二个门徒又以这十二个支派为典范，成为十二个使徒；所罗门王的宝座周围环绕着十二头金狮子；在《启示录》中，圣城耶路撒冷被描绘为一个乌托邦，其城墙有十二块基石，基石上写着十二个使徒的名字。这道墙长144（即12×12）厄尔（英国旧长度单位），而且“十二个门上有十二颗珍珠”。总之，数字12寓意着神圣，代表着上帝。

对于数字12的所有这些表现形式，我们根本不用考虑是否可以更多或更少之类的问题：为什么钟表上不是十三个刻度？为什么一年不是十个月？为什么不是十四个使徒？这很不可思议！没有人会在数字12的基础上增加或减少，使之成为11或14。

整体是由十二个部分组成的，正因为如此，它们聚集在一起，形成了一个牢不可破的、连贯的统一体。

为什么数字 12 如此“圆满”，如此自成一体呢？这是由数字 12 的一个数学特性决定的，即它可以被很多数字整除。像其他任何数字一样，12 可以除以 1 和它本身而没有余数。此外，12 也可以被等分为 2，3，4 和 6 份。如果加上 1 和 12 本身，它共有 6 个因数，比排在它之前的任何自然数的因数都多。

这样的数字被称为有些复杂的“高度合成数”。可以说，这些数字与质数相反。质数的因数最少，而高度合成数的因数比排在它前面的任何自然数的因数都多。英国数学家戈弗雷·哈罗德·哈代（Godfrey Harold Hardy，1877—1947 年）曾说过，高度合成数“与质数的不同之处在于，它有一个新数字所能达到的程度”。

有无限多个高度合成数，最开始的几个是 1，2，4，6，12，24，36，48 和 60。

印度数学天才斯里尼瓦瑟·拉马努金（Srinivasa Ramanujan，1887—1920 年）对高度合成数非常着迷（参见第 25 章“1 729：拉马努金数”，第 149 页）。为了发现它们的秘密，他研究了许多高度合成数和它们的分解质因数。这是一个很自然的想法，因为通过分解质因数，人们可以认识到一个数字的因数。表 13-1 列出了一些高度合成数和它们的分解质因数：

表 13-1 一些高度合成数和它们的分解质因数

高度合成数	6	12	24	36	48	60	720	1 680
分解质因数	2×3	$2^2\times3$	$2^3\times3$	$2^2\times3^2$	$2^4\times3$	$2^2\times3\times5$	$2^4\times3^2\times5$	$2^4\times3\times5\times7$

拉马努金首先研究了高度合成数中出现的质数。他注意到，每组质数中都有数字 2，而且 3 也是一直存在的（除了 1，2，4 这些数字）。如果一个高度合成数可被分解成三个不同的质因数，那么它们就是质数 2，3，5。拉马努金能够从总体上证明：质数“连贯地”出现在高度合成数中；如果这样的数字有十个不同的质因数，那么这些质因数就是前十个质数。

接下来，拉马努金研究了出现的质数的指数。

每个自然数分解质因数后，质数的指数可以为 1，2，3，…指数为 1 时，这个指数通常省略。例如，在数字

60 中，质数 2 的指数为 2，质数 3 和 5 的指数为 1，所以 60 也可以写成：$60=2^2\times3^1\times5^1$。

更准确地说，每个自然数都是质数的幂的乘积，所以它看起来像这样：$2^a\times3^b\times5^c\times7^d\times\cdots$一般来说，人们不能对指数 a，b，c，…做出说明，它可以是任意数。但在高度合成数中，较小质因数的幂不小于较大质因数的幂。换句话说，在一个高度合成数的质因数分解中，2 的个数不少于 3 的个数，3 的个数不少于 5 的个数，以此类推。简而言之，$a\geqslant b\geqslant c\geqslant d\geqslant\cdots$

令人惊讶的是，数字 12 在几何学中也有很重要的作用。正十二面体是柏拉图立体之一，它正好由 12 个正五边形组成。正十二面体是第五种柏拉图立体，这种几何体与古代的火、水、空气和地球等任何元素都没有关系，但柏拉图已经把它与宇宙，即与可以想象的最大的宇宙相联系（参见第 20 章“60：最佳数字”，第 122 页）。

由黑色正五边形和白色正六边形组成的造型经典的足球，也正好有 12 个正五边形（如图 13-1）。由于每个正五边形正好有 5 个顶点，而且足球上每两个正五边形都没有共同的顶点，因此 12 个正五边形总共有 60 个顶点，即 $12 \times 5=60$。

图 13-1　造型经典的足球

化学家们进一步研究了足球，并在此过程中发现了一个关于数字 12 的奥秘。他们最初产生的疑问是：一个正好由 60 个碳原子组成的分子是什么样子的？经过反复思考，美英一个研究小组在 1985 年发现，这个 C_{60} 分子看起来像一个足球。这个“微型足球”的 60 个顶点中的每个顶点上都有一个碳原子。在这种结构下，60 个碳原子形成一个稳定的框架。由于这种“足球分子”引发了化学界的巨大轰动，研究人员在 1996 年获得了诺贝尔奖。另外，人们将C_{60}分子命名为“富勒烯”，是受美国建筑师理查德·巴克敏斯特·富勒（Richard Buckminster Fuller，1895—1983年）建筑作品的启发。

其他富勒烯已被发现含有70，76，80，90甚至更多的碳原子。这些分子还形成了由正五边形和正六边形组成的三维体。对于正六边形的数量，我们无法事先得知，但我们知道，正五边形总是刚好有12个。即使是假想的新富勒烯，我们从一开始就很清楚，它们的外观可以多种多样，但它们正好有12个正五边形。

为什么会这样呢？由于化学原因，每个富勒烯都由正五边形和正六边形组成，每个碳原子正好与其他三个碳原子相连。由此可以从数学上严格推导出，正五边形的数量正好是12。尽管它可以被证明，但这真的是数学上的一个奇迹。

第 14 章　13：疯狂之数

1970 年 4 月 13 日，在 13 点 13 分发射的“阿波罗 13 号”宇宙飞船的太空舱中发出了求救信号：“休斯敦，我们有麻烦了！”

对于所有患“十三恐惧症”，即对数字 13 感到恐惧的人来说，这个消息更加坚定了他们的想法。对于他们来说，数字 13 显然会带来霉运。

下列情况会让患“十三恐惧症”者感到轻松：

1. 一幢高层建筑没有数字为 13 的楼层，在第 12 层之后是 12A 层；

2. 城际特快列车的 12 号车厢直接与 14 号车厢相连；

3. 飞机上没有标有第 13 排的座位；

4. 在酒店甚至医院都没有 13 号房间；

5. 不需要在 13 日的星期五参加考试。

只有 13 个人组成的团体，也会被认为可能会发生不好的事。这就是为什么在 19 世纪和 20 世纪之交的巴黎诞生了一种热门生意："Quatorzième"（法语，意思是"第十四位"）。人们以第十四位客人的身份付费参加一次团体活动，否则该团体就只有 13 个人，反之亦然。

当作曲家阿诺尔德·勋伯格（Arnold Schoenberg，1874—1951 年）意识到他的歌剧《摩西与亚伦》的名称由 13 个字母组成时，他画掉了其中一个字母"a"，并依旧称之为《摩西与亚伦》。

任何受到现代科学启迪的人都会反驳这样的观念，认为这是迷信，没有任何客观理由。例如：13 楼发生的事故并不比其他楼层多；在 13 号房间的睡眠质量既不比其他房间差，也不比其他房间好；而且在 13 日的星期五，这一天也一如往常。

但不知何故，13 就是扮演着一个特殊的角色。我们自问：13 不吉利的含义是源于数字 13 本身吗？我们不能草率地回答这个问题，因为13并不是在所有文化中和所有时期都是一个不吉利的数字。

数字13的外在属性不足为奇，即它是12之后的数字：13=12+1。然而，这个微不足道的属性，恰恰是数字13显得特别的关键。

人们可以从两个角度来解读13和12+1这两者的相等性。

一方面，人们可以积极地看待13这个数字，认为它比12多1，因此仍然超过了12的完美性，由12到13，意义得到了升华。这一点也体现在一个团体中，第13位成员的地位往往更高一些。耶稣和他的十二个门徒，亚瑟王和十二圆桌骑士，都清楚这一点。

由德国著名作家米切尔·恩德（Michael Ende，1929—1995年）编写的《小纽扣杰姆和十三个海盗》中那“十三个海盗”也说：“我们是十二个人，另有一位是我们的船长，所以一共有十三个人。”就连莉茜公主再一次数强盗的人数时，也只数到了12。因此，能让人疯掉的13变成了让人舒服的12。

然而，通常情况下，这个等式被写作12+1=13，这被解读为“如果在 12 的基础上再加一个数字 1，数字 12 完美的内在平衡就会被破坏”。更糟糕的是，13 作为一个质数特别大，不方便与和谐的 12 有任何瓜葛。

这一点在格林兄弟的童话《睡美人》中体现得很明显：国王只邀请了十三位仙女中的十二位参加庆祝他女儿出生的宴会，“因为他只有十二个金盘子供她们在宴会上进餐使用”。在宴会上，第十三位仙女突然闯入并诅咒了孩子——不幸的事情就这样发生了。

这个故事在语言上通过将十三个物体称为“魔鬼的一打”，[14] 表达了数字 13 的这种特点。

对于数字 13 的负面含义，基督教给出的理由是，最后的晚餐有十三个人在场，包括叛徒犹大。然而，这种迷信的理由只是在中世纪才出现的。另外，在《圣经》关于最后的晚餐的记载中根本没有提到 13 这个数字。事实上，数字 13 在《新约》即《圣经》涉及耶稣的那部分内容中，一次也没有出现过；更准确地说，它是《新

[14] 在雅各布·格林和威廉·格林编撰的《德语词典》中，对“13”的解释为：“13 被视作是最危险、最特别的数字……它是魔鬼的一打。”在格林兄弟的童话故事中，13 经常代表着消极的角色。

约》中没有出现过的最小数字。

在有一年的夏天，美国东部地区突发灾难。一夜之间，数以百万计的蝉骤然出现。这对美食家来说是个好消息：用欧芹和黄油炒，或者用大蒜烤，简直是人间美味。猫也因此享受了一小段美好时光：因为它们只须把嘴张开，就会有美味的食物飞进它们的嘴里。然而，对大多数人来说，蝉都让人难以忍受。它们数量太多了，以至于人们必须清扫道路；它们也太吵了，就像割草机发出的声音一样，而且昼夜不停。这让人们厌恶至极。

几周后，这场灾难结束了。蝉吃掉了它们能吃到的食物，而且具备了超级繁殖能力，它们的幼虫隐藏在地下。大量的死禅仍然存在，只能用扫帚、簸箕或树叶吸尘器来清除。

蝉不见了，接下来，人们又可以自由呼吸了。它们不会很快回来，明年不会，后年不会，三年内也不会，但是它们总有一天会回来。不是任何时候，正好就是13年后！

13年？这个13年是怎么算出来的？难道蝉可以数到13吗？经过研究，人们发现有的生物在17年后才回来，有的只在 7 年后出现。它们大规模出现的间隔时间数几乎都是质数，而蝉周期性地再次出现在质数年份并不是巧合，因为这样能大幅度提高它们生存的机会。

假设有一种蝉以 12 年的周期出现，有一种掠食者不是每年都出现，而是每隔几年才出现，它今年享用了蝉的大餐，自然也想在蝉再次出现时享受美味。

如果掠食者每 4 年出现一次，那么它们必须在蝉休眠期的第 4 年和第 8 年靠其他食物为生。但是到了第 12 年，当蝉回来的时候，掠食者也会再次吃到美味的蝉。站在蝉的视角看，这是很糟糕的，因为它们每次在地面上活动时都会被吃掉。

那么，如果蝉不是以 12 年的周期，而是以 13 年的周期出现，掠食者每 4 年出现一次，它们彼此在 52 年后才会相遇，至少在第 13，26 和 39 年，蝉可以免受被掠食，不受干扰地进行繁殖！

这意味着在进化过程中，12 年周期的蝉（如果曾经有）早已灭绝，而 13 年周期的蝉现如今仍大量存在。

第15章 14：$B+A+C+H$

人们可以给每个字母分配一个数字，从而赋予它"客观"的含义。最简单的方法如下：给每个字母分配一个数字：$A=1$，$B=2$，$C=3$，以此类推。如果把 I 和 J 以及 U 和 V 放在一起，会得到以下表格（如表 15-1）：

表 15-1 数字对应字母的分配表

A = 1	D = 4	G = 7	K = 10	N = 13	Q = 16	T = 19	X = 22
B = 2	E = 5	H = 8	L = 11	O = 14	R = 17	U,V = 20	Y = 23
C = 3	F = 6	I,J = 9	M = 12	P = 15	S = 18	W = 21	Z = 24

此类表格在约翰·塞巴斯蒂安·巴赫（Johann Sebastian Bach，1685—1750 年）时期就广为人知，用于确定单词（例如名字）对应的数字。这是通过将各个字母代表的数字相加来完成的。BACH 变成 $B+A+C+H=2+1+3+8=14$。另一方面，巴赫名字的简写 J. S. BACH 对应的数字的和为：$J+S+B+A+C+H=41$。41 是 14 的镜像数，也叫回文数。

人们从数字 14 和 41 外在的角度对巴赫的音乐作品进行了研究，找到了他们要找的东西。

人们惊奇地发现，巴赫最后一部作品《赋格的艺术》的手稿中，在最后一首曲子的第三个主题末、第四个主题即将出现的地方中断了，而这个中断的点正是在低音中出现 b-a-c-h 音序的地方。因巴赫辞世，没能完成这部作品。

巴赫一定知道他名字的字母也是音符的字母（bach），但他从未使用过这个变调——直到最后一首赋格。循环曲以一首简单的合唱“我从此来到你的宝座前”结束，据说这是巴赫在临终前口述给他女婿的。如果数一数这些音符，你会发现一个奇迹：旋律正好有 41 个音符，第一行有 14 个，而这首曲子的最后一个长音正好持续了 14 拍。

大约在公元前 4 世纪，希腊人萌生了用字母系统地表示数字的想法。由于个、十、百位数之间的区别已广为人知，人们自然想到用前九个字母表示数字 1，2，…9，即 $A=1$，$B=2$，$\Gamma=3$（Γ 是希腊字母表中的第三个字母，读“伽马”），以此类推。另外九个字母代表十位数：$I=10$，$K=20$，$\Lambda=30$（Λ 是第十一个希腊字母，是逻辑运算的一种符号），直至 90；最后还需要另外 9 个字母来表示百位数：$P=100$，$\Sigma=200$，$T=300$，直至 900。例如，$\Sigma\Lambda A$ 是数字 231。

由于希腊字母表只有 24 个字母，所以又引入了三个字母：Digamma 代表数字 6，Koppa 代表数字 90，Sampi 代表数字 900。

这意味着每个字母都会自动代表一个数字，这样也就很自然地为字母赋予了新含义。一个单词对应的数字是各个字母代表的数字之和。例如，赫克托耳（ΕΚΤΩΡ）这个名字被识别为数字 1 225，即 $E+K+T+\Omega+P=5+20+300+800+100=1\ 225$。因此，当希腊人听到阿基里斯（ΑΧΙΛΛΕΥΣ）这个名字时，都会想到 $A+X+I+\Lambda+\Lambda+E+Y+\Sigma=1+600+10+30+30+5+400+200=1\ 276$。由于 1 276 大于 1 225，那就说明阿基里斯的战斗力会比特洛伊英雄赫克托耳更强。

在中世纪，类似的“希伯来语字母代码”也是在拉丁字母的基础上进行“计算”的。例如，经过“计算”，可以得知齐格弗里德比哈根更强。

在希伯来语中，每个字母和词都有一个对应的数字。在 1 世纪以来的犹太神学中，人们会借助词语对应的数字来探索事物的神秘。特别是，一些神学家认为，相同的数字表明相应的词或术语之间存在内在联系。

例如，“力量”（Stärke）和“狮子”（Löwe）这两个词对应的数字都是 216，这一定是因为狮子是力量的象征。此外，在希伯来语中，亚当（Adam）对应的数字是 45，夏娃（Eva）对应的数字是 19，两者相差 26，这个数字正是上帝之名雅威（Jahwe）对应的数字。

第16章　17：高斯数

1796年4月18日，《文学汇报》的“知识界专栏”中刊登了一篇题为《新发现》的文章。文章中指出:“每个刚学习几何的人都知道，我们可以构造出几种正多边形，如正三角形、正四边形和正十五边形，我们还可以在这些图形的基础上，再构造出一个比它们的边数多一倍的正多边形。欧几里得所处的时代就是如此，而且可能从那时起，人们就普遍认为，初等几何学领域不会再继续延伸。至少，我知道没有人能成功地扩展它的界限。我想，有一点更值得注意，就是除了这些普通的正多边形之外，我们还可以构造出其他一些正多边形，例如正七边形。”这个清晰而自信的见解来自一名在哥廷根大学学习数学的学生，他就是约翰·卡尔·弗里德里希·高斯（Johann Carl Friedrich Gauss，1777—1855 年）。

这些文字的后面还有齐默尔曼教授的跋文，这位曾在布伦瑞克卡罗琳学院（现为布伦瑞克工业大学）教数学的教授在文中说：“高斯先生今年 18 岁，他致力于哲学和古典文学的研究；另外值得注意的是，他在高等数学领域也颇有造诣。”

后来，这篇文章的作者高斯成为数学史上最重要的数学家之一。他成功构造出了正十七边形，并在数学领域崭露头角。2000 多年来，这个问题始终没有进展，而他的这个成果却是一种进步，而且是相当大的进步。不过高斯仍然声称，该构造“实际上仍只是一个推论，还有更广阔的发展空间”。

那么，他究竟是如何做到这一点的呢？他没有用直尺和圆规，也没有进行复杂的线与圆的构造，只是通过思考！后来在一封信中，高斯这样说道：“通过努力思考……那是我在布伦瑞克度假期间（1796年3月29日），早上我醒来却并没有下床，这时，我有了一个解决这个问题的清晰思路，于是就用数字表示出每个顶点的位置，构造出了这个正十七边形。”

本章开篇所引用的高斯的文字在今天看来仍然正确。在学校里，学生要学习构造正方形、等边三角形和正六边形，稍微难一点的就是构造正五边形。不过这仍然属于初级阶段。还有，如果我们已经构造出了一个正 n 边形，接下来只须在这个图形外接圆的弧线上取点，即取两个相邻顶点之间弧线的中点作为新图形的顶点，将所有顶点依次相连就可以构造出一个正 $2n$ 边形。

按照这种方法，我们就可以构造出顶点数为6，12，24，…以及10，20，40，…的正多边形（如图16-1）。

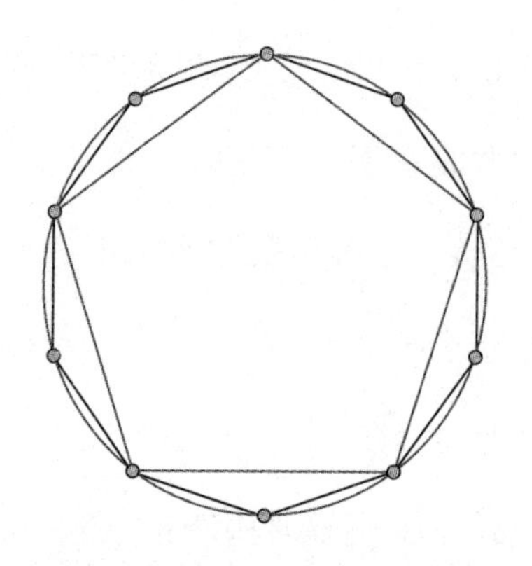

图 16-1　正 n 边形的构造法

最后，我们还可以在正三角形和正五边形的基础上构造出正十五边形。然而，要做到这一点，我们必须考虑角的度数。我们知道，每一个正多边形都有一个外接圆，正多边形的所有顶点都在这个圆上。如果我们将一个等边三角形外接圆的圆心与这个等边三角形的三个顶点相连，那么将会构造出三个 120 度的角。同样，通过正五边形外接圆的圆心与其相邻两个顶点，可以构造出大小为 360/5 度的角，也就是 72 度角。因此，可以说，我们能构造出 120 度和 72 度的角。通过角的加减，我们也可以构造出一个大小为 $2\times120-3\times72=24$ 度的角。由于 $15\times24=360$，而正十五边形外接圆的圆心与其顶点所构成的角正好是24度。这意味着，我们可以先画出一个圆，在圆心处构造出24度的角，角的两边与圆相交的点就是正十五边形的顶点，于是就构造出了一个正十五边形。

用这种方法能否构造出其他的正多边形呢？还是说，只能构造出正十五边形？如果可以，原因是什么？高斯的发现引起巨大的轰动，其原因不仅在于构造出了正十七边形。除此之外，他认为，理论上可以使用尺规作图的方式构造出一个正n边形。

高斯理论的一个关键点在于：我们考虑一个质数p，只有当$p-1$是2的幂，即s个2的乘积时，才可用尺规作图构造出正p边形，即$p-1=2\times2\times\cdots\times2=2^s$。举几个例子，$p=3$（即$3-1=2^1$），$p=5$（即$5-1=2^2$），$p=17$（即$17-1=2^4$）。按照这种形式来看，接下来较小的质数就是$p=257$（即$257-1=2^8$）和$p=65\ 537$（即$65\ 537-1=2^{16}$）。“$2^s+1$”形式的质数被称为“费马数”，是以皮埃尔·德·费马（Pierre de Fermat，1601—1665年）的名字命名的。对于每一个这样的质数p，我们都

可以构造出一个正 p 边形——仅限于此（参见第 26 章“65 537：箱中之数”，第 155 页）。

时至今日，人们也才知道上文所述的五个费马数。令人惭愧的是，尽管人们已经做出了最大的努力，却不知道是否存在其他的费马数。

第 17 章　21：兔子和向日葵

1202 年，意大利数学家莱昂纳多·斐波那契出版了《计算之书》。他在这本不朽的算术书中阐述了十进制的重要性。为了证明十进制对于算术的适用性，斐波那契列出了许多练习题。

书中有一道题影响深远，其重要性超越了书中的其他内容，它也使斐波那契名满天下。然而，令斐波那契没有想到的是，这道题中要计算的数字已经超过了当时数学的范畴，引起了其他领域的巨大反响。他还没想到的是，在他之前人们就已经关注到了这些数字。

这道题是关于兔子的，题目是："一个人在一个四周满是围墙的地方圈养了一对兔子，假定自然法则是，兔子从出生后的第二个月开始，每个月都会生出一对幼兔，那么一年之后这里将有多少对兔子。”

人们很难讲出这道题的特别之处。相反，人们认为题目中的表述有悖于自然法则，甚至让人费解。这道题目和兔子有关，更确切地说，是关于一对“一夫一妻制”的兔子，它们每个月都会定期生下一对幼兔，而这对兄弟姐妹兔也会终生保持“一夫一妻制”的关系。就连孩子们都知道，这些规则都是虚构的，它与兔子的真实生殖行为毫无关联——不过，这些规则却可以作为计算的辅助工具。

我们按照时间顺序来计算一下各月的情况。假设第一对幼兔是在元旦当夜出生的，那么这对兔子在一月底的时候未有孕育。但在二月底，它们就已经生下了一对幼兔，也就是说，在二月底总共将有两对兔子。

到了三月，第一对兔子又产下一对幼兔，但第二对兔子还没有产仔。所以，在三月底，一共有三对兔子。到了四月底，前两对兔子分别生出一对幼兔，但第三对兔子还没有产仔。因此，到四月底，这里就已经有五对兔子了（如表 17-1）。

表 17-1 五月底兔子的数量

月份	一月	二月	三月	四月	五月
兔子的总量（对）	1	2	3	5	8
当月新生幼兔的数量（对）	0	1	2	3	5

一般来说，在月末，生活在这里的兔子应包括之前出生的兔子及当月新生的幼兔。满月的兔子才可产下幼兔，而当月新生幼兔的数量等于前一个月的兔子总量。所以兔子总量等于之前的兔子总量加上当月新生幼兔的数量。

换句话说，每月“兔子的对数”都是它前面两个月对数的和。因此，这个数列就是 1，2，3，5，8，13，21，34，55，89，144，233，…用兔子的故事就可以很形象地描述出这个数列，也很容易让人记住“斐波那契数”的定义。

法国数学家弗朗索瓦·爱德华·阿纳托尔·卢卡斯（Francois Edouard Anatole Lucas，1842—1891 年）在 1877 年将这些数字称为斐波那契数，这个名称已经深入人心。人们用 f_n 来表示第 n 个斐波那契数。这意味着，兔子的繁殖规则可以表示为：$f_n+f_{n-1}=f_{n+1}$。

诚然，斐波那契关于兔子的题目不足以描述现实中兔子繁育的情况。不过，斐波那契数确实存在于自然界中，这不但明确无疑，而且意义重大。只是它不体现在动物领域，而体现在植物领域。

再来看一下成熟向日葵的花序。花序内生长着大量的花籽，它们“以某种方式”排列在花序中。这种排列方式既不是由同心圆组成，也不是由径向射线组成，而是从中心向外旋转，呈“螺旋状”排列（如图 17-1）。更确切地说，有的螺旋向右，也有的向左。进一步来看，如果观察右转螺旋线和左转螺旋线上花籽的数量，将会得到两个数字。它们不是普通的数字，而是连续的斐波那契数！向日葵花序中右转螺旋线和左转螺旋线上花籽的数量总是 21 和 34，每一朵向日葵都一样！

图 17-1　向日葵花序排列

这种现象在自然界中很常见。松果的鳞片呈螺旋状排列，同样的，还有菠萝的鳞片及仙人掌的刺等，其右转螺旋线和左转螺旋线的数量总是连续的斐波那契数。以松果为例，通过计算得到的数字是 8 和 13。

人们不禁要问：这究竟是为什么？这些植物既要保持这种结构，同时还要生长。尽管向日葵花序的大小不同，但是它们看起来都一样。借用斐波那契的话说，大自然实际上已经“安排”它以这样的方式呈现，于是，每一颗新的种子都能以这样的方式生长。向日葵的种子和松果的鳞片形成了斐波那契图案，这也是为了能够灵活地适应不同的外界环境。如果向日葵生长在一个好的地方，就会长得很高，生长在较差的环境下，就会矮小一些。这种灵活性正是一种所谓的优势选择，因为如果采用固定不变的规则，一旦生长环境变得恶劣，它们就将直接死亡。

从数学的角度来看，斐波那契数是真正的万能数，它们有许多不可思议的特性。人们对斐波那契数的研究持续至今，甚至斐波那契协会还创办了官方刊物——《斐波那契季刊》，这本杂志就是专门讨论斐波那契数的。

以下是斐波那契数的一些奇妙特性。

1. 在我的房子里有一个十级的楼梯，我每次都是爬一级或两级，所以我爬上去的方式有很多种。那么，有多少种方式呢？如果是一级楼梯，那么我爬上去的方式只有一种；如果是两级楼梯，那么就会有两种方式。那么，第十级楼梯呢？要么是从第九级往上爬一级，要么是从第八级跨两级。这些数组成斐波那契数列，最后的答案是89。

2. 如果将两个连续的斐波那契数的平方相加，则会得到一个新的斐波那契数。例如，$3^2+5^2=34$。

3. 假设有三个连续的斐波那契数，用第一个数乘以第三个数，然后求取第二个数字的平方，这两个结果几乎相等，它们的差值正好为1。举一个例子，我们看看数字8，13和21。两个结果分别是$8\times21=168$和$13^2=169$。

4. 如果将六个连续的斐波那契数相加，就会得到一个新斐波那契数，新数字是原数列第五个数字的四倍。例如，$2+3+5+8+13+21=52=4\times13$。

第18章　23：生日悖论

你拿来一个骰子，投掷几次，例如6次。我就这样做了，得到的结果是4，2，3，2，2，6。让我惊讶的是，1到6中不是所有的数字都出现了，例如1和5就没有出现，而出现过的数字竟然反复出现。第四次投掷得到了一个2，而第五次又是一个2。

如果由你来掷骰子，结果或许不同。也许第一次尝试得到的数字不是4。或许也没有得到多个2，但很可能另一个数字出现了两次。也许不是在第四次，而是在第一次到第二次，或者第五次或第六次投掷时出现了2。任何事情都有可能发生——但有一件事我还是比较肯定的：你的投掷结果也将至少出现一次重复。

我这样肯定，不是因为我有超能力，而是因为这是一个数学问题。它可以证明，就算是投掷四次，重复的可能性也很大。

我们计算一下这个概率。首先，我们计算一下连续四次都没有投掷出相同数字的概率。第一次投掷的结果有 6 种可能性。而在第二次投掷时，我们只考虑 5 种可能性，因为投掷出的所有数字都应该不同，所以第一次投掷得到的数字被排除。于是，在第三次投掷时，我们只考虑 4 种可能性，第四次投掷只考虑 3 种可能性。所以，连续投掷四次没有重复数字的情况总共有 6×5×4×3 种，这几个数字相乘的结果是 360。

投掷四次，一共有 6×6×6×6=1 296 种组合。因此，四次投掷不出现重复数字的概率计算方式是 360/1 296，这个分数的值约为 0.278。这意味着，在四次投掷中，结果都不同的概率只有约 27.8%。相反，至少出现两个相同数字的概率是约 72.2%。即在近乎四分之三的尝试中，前四次投掷都会出现重复数字。

当然，也可能你很幸运，六次投掷的结果都不同。但是我们并不总是那么幸运，这个概率仅有约 1.5%（可用上文所述的计算方法计算）。

我们去猜一群人中有哪两个人的生日相同，若想大概率猜中，则这群人的数量至少是多少？这个问题最早是由奥地利数学家理查德·冯·米塞斯（Richard von Mises，1883—1953 年）在 1930 年提出的。很快，这个问题及其答案就被传开了，并被赋予了“生日悖论”之名，因为这个答案对许多数学家来说都是难以理解的。这个答案就是 23。

在一个至少有 23 个人的群体中，两个人在同一天过生日的概率只有约 50.7%。但是，这个概率增加得很快：30 个人的时候已经是约 70%，而 50 个人的时候则会上升到难以置信的约 97%。

例如，在足球比赛中，球场上有 23 个人，即两队各 11 名球员外加一名裁判。这些人中两个人的生日在同一天的概率约为 50%。

在学校里，一个班的人数往往超过 23 个人，有的会有 25 至 30 个人。因此，一个班中也经常会出现两名同学生日相同的情况。如果我们同时观察两个拥有 50 名学生的班，几乎就可以找到两名生日相同的学生。

这其实是一个“悖论”：如果先挑选出 23 个不同生日的人，那么生日悖论就不起作用了。例如，你可以选择任意一个月的前 23 天。不过，只要不是根据生日挑选出一群人，那么生日悖论就会有效。

现在，悖论的意思更多的是，尽管某个现象在我们看来完全不可信，但它仍然真实地存在。

但是，我们怎么才能认可生日悖论？基本上与掷骰子的方式相同。你可以想象一个有 365 个面的巨大骰子，并“投掷”23 次，看看数字重复的概率有多大。

我们这样来论证生日悖论：一年中 23 个人生日都不同的组合数是：365×364×363×…（23 个因数），而 23 个人生日所有可能的组合数是：365×365×365×…（也是 23 个因数）。那么，23 个人生日都不一样的概率就可以用第一个算式 365×364×363×…除以第二个算式 365×365×365×…来计算。得到的结果表明，23

个人的生日都不同的概率是49.3%；而存在两个生日相同的人的概率是50.7%。

20世纪初，柏林的一位医生威廉·弗利斯（Wilhelm Fliess，1858—1928年）和维也纳心理学家赫尔曼·斯沃博达（Hermann Swoboda，1873—1963年）都独立地发现了“生物节律”。其基本观点是，“生物钟”对人类体力的影响周期为23天，对人类情绪的影响周期为28天（后来又增加了“智力节律”，影响周期为33天）。各种节律的交织形成了人的生物节律。（不过，这些周期性节律和其确切的周期都不能通过主观的经验来进行有效验证。）

精神分析学派的创始人西格蒙德·弗洛伊德（Sigmund Freud，1856—1939年）是弗利斯的好朋友，因此很快就了解到了与23和28相关的生物节律。他对数字23和28极为看重，因为他意识到这两个数字可以用来计算出其他重要的数字。

例如，弗洛伊德发现，许多知名人士都是在51岁的时候去世，而51这个数字正好是23与28的和。此外，每个月的13日是弗洛伊德的幸运日——不用觉得奇怪，其原因或许在于，他可能会想：13=3×23-2×28（即69-56）。

弗洛伊德如此重视23和28这两个数字，也可能是由于他只拥有一个聪明的大脑，却不是一个数学家。因为有两个简单的数学事实会不可避免地让他感到失望，从而让他对这些数字不再抱有幻想。

第一个令其失望的事实是，23和28不仅可以用来计算出有趣的数字，而且可以计算出所有的数字。例如，7=6×28-7×23，1=11×23-9×28。其实，如果能计算出数字1，就能计算出所有的数字，因为将1相加多次就会得到想要的数字。

第二个事实会令弗洛伊德更加失望，即所有这些性质都与23和28无关。但如果有两个数字的最大公约数是1，它们就会有这些性质。例如，我们也可以用5和7计算出所有的自然数：6=4×5-2×7，8=3×5-1×7，12=5+7。从数字24开始，甚至不需要用减号，例如24=2×5+2×7，25=5×5，26=1×5+3×7，

27=4 × 5+1 × 7，28=4 × 7，等等。

这些或许会令弗洛伊德失望，但对数学家来说却是一个惊喜，因为他们获得了一个新定理。

第19章 42：万能答案

1971年，当19岁的英国学生道格拉斯·亚当斯（Douglas Adams，1952—2001年）喝了几瓶啤酒，躺在茵斯布鲁克近郊的一块田地上时，想必不知道自己这个想法的影响如此大。像当时许多年轻人一样，亚当斯搭“免费”便车漫游欧洲。他在口袋里装了《欧洲漫游指南》一书作为旅行参考。他看着天上冉冉升起的星星，于是有了一个想法，就是写一本关于如何漫游银河系的书，书名就叫《银河系漫游指南》。因为对他来说，银河系的星空似乎比他现在的生活对他更有吸引力。

7年后，亚当斯梦想成真，英国广播公司播发了他的著作——《银河系漫游指南》。从1979年起，他的“三部曲”陆续出版，共有五卷，其中第一卷的书名就是《银河系漫游指南》。

这部科幻系列小说的出版恰逢其时，一度成为畅销书，甚至因其特殊的幽默和许多隐藏的典故而备受追捧。

在书中有一个故事，其紧张刺激的程度及蕴含的智慧，远超我们听过的其他故事，甚至可以说，这个故事比这部书更出名。它给出了关于生命、宇宙甚至所有问题的万能答案。为了得到答案，故事中一台名为“深思”的计算机计算了750万年，随后它公布了答案，据说答案绝对正确。答案不是哲学著作，不是技术档案，不是宗教类图书，而是一个简单的数字——42。

亚当斯是如何得出这个数字的？为什么是42？他的回答很简单：“其实这是个玩笑。它必须是一个数字，一个正常的数字，不能太大。而我选择了这个数字。”

亚当斯希望使用一个不起眼的数字，用他的话说就是“一个可以很轻松地讲述给父母的数字”。然而，许多读者并不相信42是一个没有特点的数字。他们认为，这个数字的背后一定隐藏着什么，它应该有某种特性。他们寻找并发现了数字42的许多特性和表现形式，例如数学特性。在二进制系统中，42将会被写成101010，这看起来很不错；而在十三进制中，42将会被写成纯位数33（即3×13+3）。三部曲的第二卷是《宇宙尽头的餐馆》，书中讨论了“9×6”这个问题——或许这个问题的答案人尽皆知，但作者在结尾处简明扼要地指出：“九六四十二，没错，就是这样。”人们不禁要问，这到底是怎么回事？但是，在十三进制中，答案就是42，即4×13+2。

人们还对数字42做出了完全不同的诠释。若给字母赋值（A=1，B=2，…），那么亚当斯的名字简写（D. ADAMS）所对应的数字就是：$D+A+D+A+M+S=4+1+4+1+13+19=42$。

数字42也出现在数学领域之外。著名的《古腾堡圣经》，[15] 每页正好有 42 行，这就是为什么它也被称为"B-42"。还有，许多人都是在 42 岁时去世，其中最著名的是猫王。此外，读者们也总是不厌其烦地解释数字 42 的其他含义。然而，亚当斯否定了这些解释，他说："二进制数、十三进制数、西藏僧侣等，这些都是胡说八道！我坐在我的办公桌前，看着外面的花园，想到了 42，于是就写了下来，就是这样。"

一张纸要被折多少次，才能使其厚度足以到达月球？这是一个与现实无关的问题，但它与数字 42 有关。

有一点是清楚的：每折一次，纸的尺寸就缩小一半，但厚度会增加一倍。尽管如此，对于一张只有约 0.1 毫米厚的纸张来说，地月间约 35 万千米的距离似乎还是太远了。但有一种想法很有意思，就是在最后一次对折之前，这个纸堆必须"只有"175 000 千米高。诚然，

---

⑮ 《古腾堡圣经》亦称《四十二行圣经》，由翰尼斯·古腾堡于 1954—1455 年在德国美因兹采用活字印刷术印刷，是《圣经》拉丁语公认翻译的印刷品。这个版本的《圣经》是最著名的古版书之一，它的产生标志着西方图书批量生产的开始。

这完全不现实。但尽管如此，一旦完成了这些，我们离达到目标就只有一步之遥！

我们详细了解一下这个过程。如果你沿着短边将一张 A4 纸对折，就会得到一张 A5 纸，继续对折则会得到一张 A6 纸，以此类推。每折一次，纸的层数就增加一倍。因此，折了 3 次后，就已经有了 8 层。由于一张纸的厚度约为 0.1 毫米，所以我们现在的纸堆厚度差不多已经达到了约 0.8 毫米。对折 4 次后就有 16 层，对折 5 次后是 32 层，对折 10 次后就是 1 024 层（纸堆已经接近 10 厘米高了）。对折 42 次后，将有难以置信的 2^{42} =4 398 046 511 104 层。由于每一层的厚度约为 0.1 毫米，所以现在的纸堆约有 439 804 千米高，这超过了从地球到月球的距离。

所以，将纸对折 42 次就可以到达月球了！

第 20 章　60：最佳数字

4000 多年前，美索不达米亚的一个人灵光乍现，提出了一个绝妙的想法。我们不知道他是谁，也不知道他是在什么场合和时间提出这个想法的，但他的想法为人类思想史勾勒出了浓墨重彩的一笔。没有他的发明，就没有技术，没有定量科学，没有建筑和城市规划，也不会有会计以及导航系统。

这项发明就是“进制”。这听起来有些无聊，最多也就是有一点点技术含量，但它却革命性地创造出了数字的书写方式，进而帮助人们进行数字运算。

人们建造房屋需要使用算术，国家征税也需要用到数字运算。计算对于数学、天文学和物理学等科学来说必不可少，每一门定量科学均是以数字和计算为基础，而进制就有效地帮助我们实现了这一点。过去如此，如今亦然。在当今社会，人类和计算机都在进制的帮助下进行计算，而这一切都要归功于 4000 多年前美索不达米亚的这项发明。

我们所熟知的十进制就是一种杰出的计数方法。

在十进制中，每个数字都有自己的数位，从右到左分别是个位、十位、百位、千位……且每个数位有且只有 0 到 9 中的一个数字。在十进制中还可以使用这些数字（每个数字表示的数值较小）进行加法、乘法等所有运算。那位来自美索不达米亚的不知名人士也发现了这一点，但他发明的不是十进制，而是六十进制。

在六十进制中，人们使用的是 1 到 59 这些数字。这些数字是用楔形文字书写的，即每个数字都是竖条（或者说是窄楔形）以及水平楔形的组合，每个竖条表示的值为 1，而每个水平楔形表示的值为 10。例如，“<<||||”表示的是数字 24。

然后，把这些数字按数位排列。最右边是个位，在它的左边，即十进制的十位那里，在六十进制里表示的是60位，再往左的一个数位是3 600位。也就是说，巴比伦数字“<||　<<<　<||||||”在我们使用的十进制系统中表示的是 12×3 600+30×60+16=45 016。这个数字表示的也是 12 小时 30 分 16 秒的总秒数。

为什么巴比伦人不使用十进制、十二进制或二十进制，而是使用六十进制呢？

其原因至少有两个，一个是外部原因，另一个是数学本身的原因。

一方面，60 这个数字与自然规律密不可分。一年有 360 天，当然，这并不完全正确。但是，一直以来人们都有过这样一种想法，即把 365.24 天这个奇怪的天数尽可能地约等于 360 天，因为 360 这个数字更加规整。人们也想将 360 天尽可能平均分配给每个月，最好是每个月正好 30 天。

当时的巴比伦人就是这么做的。当然，他们需要每过几年就插入一个闰月，以补足一年 360 天。

另一方面，在数学中60是一个非常有用的数字，它可以被很多数字整除，例如，可以被2，3，4，5，6，10，12，15，20及30整除。也就是说，我们可将60个物体恰好平均分成2份、3份、4份、5份、6份、10份、12份、15份、20份或30份。如果再算上1和60，那么60就有12个因数（约数），这比排在它前面数字的因数的个数都要多。

寻找数字的因数对于当时的巴比伦人来说十分重要，因为只有这样，他们才能进行困难的分数计算。

为了理解这一点，我们寻找了一些十进制系统中比较简单的分数。在我们现在使用的十进制系统中，分数1/2和1/5看起来特别简单，其值分别是0.5和0.2。分数1/2和1/5看起来简单的原因在于其分母是数字10的因数。

在六十进制中也完全一样：分母为60的数，其对应的小数，小数点后仅有一位。在十进制中，小数点后第一位是数字几，则表示十分之几。同样地，在六十进制中，小数点后第一位是数字几，则表示六十分之几。

那么，六十进制中的 1/12 是多少呢？1/12 等于 5/60。所以，在六十进制中，将 1/12 转换成小数，小数点后的数应该是|||||；相反，小数点后的第一位是数字<<，它表示的数就是 20/60，即 1/3。

换个角度理解，巴比伦人几乎能够写出日常生活中出现的所有分数。在六十进制下，这些数转换成小数，小数点后只有一位，这就使计算变得容易。

然而，巴比伦人没有使用小数点，所以像“|| < ||”这个数字，若转换成十进制的数字，既可能是 132，即 2×60+12=132，也可能是 2.2，即 2+12/60=2.2。数字“|| < ||”是否有小数点，则需要视具体情况而定。

像 50，80，100 等整十数，对我们来说有着特殊的意义，我们常常在整十数的周年庆祝某些事件。十进制系统中个位上是 0 的数字有很多。那么，为什么说 80 就比 81 更好呢？

但数字 60 是一个特例。它的含义与十进制无关，也与其他任何进制无关，因为 60 这个数字出现在了几何图形中。简而言之，数字 60 是一个美好的数字，不仅因为它是一个整十数，而且无论在哪个角度看都很重要。

特别值得注意的是，正十二面体中蕴含了 60 这个数字的重要性。这个“柏拉图立体”（正多面体）让古希腊数学家们着迷，如莱昂纳多·达·芬奇在 1509 年为卢卡·帕乔利所著的《神圣比例》一书绘制了正十二面体（如图 20-1）（参见第 13 章“12：整体大于部分之和”，第 80 页）。

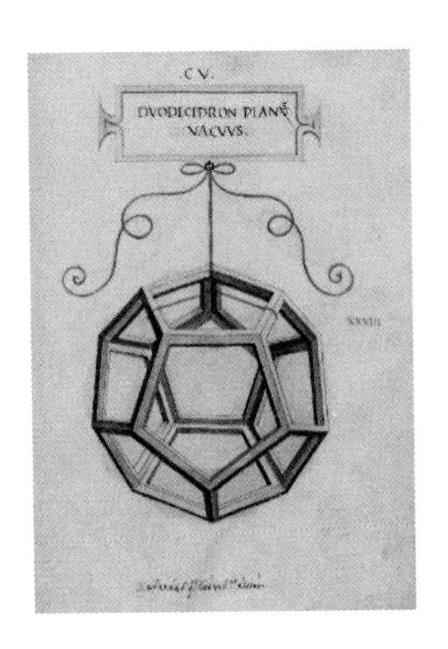

图 20-1 莱昂纳多·达·芬奇于 1509 年为卢卡·帕乔利所著的《神圣比例》一书绘制的正十二面体

正多面体的规律性体现在两个方面：

一方面，正多面体的每个侧面都是一个规则的正 n 边形。正十二面体的每个侧面都是正五边形，它总共由 12 个正五边形组成，因此得名“正十二面体”。

另一方面，正多面体所有面的角（也叫“多面角”）看起来都一样。每个角都连接着相同数量的面和边(棱)。就拿正十二面体来说，每个角都连接着三条边（棱）。

正十二面体的顶点数也可以这样计算：12 个正五边形各有 5 个角，所以我们用 12 乘以 5。在计算过程中，我们将每个顶点数都重复计算了三次，所以应该再除以 3，即正十二面体拥有 20 个顶点。

我们已经发现的正多面体只有五种，其中一种便是正十二面体。人们很早就在大千世界中发现了它，它也总是扮演着十分重要的角色。

在正十二面体中，数字 60 以一种特殊的方式出现。为了说明这一点，我们参照了达·芬奇的一幅精美的正十二面体图，这是他为一个数学家朋友帕乔利所著《神圣比例》一书所绘制的。

从图 20-1 中我们可以看到，一根线穿过正十二面体的一个顶点并将其吊起。其实，达芬奇也可以将线穿过任意一个顶点，只不过所得到的图像不会有任何变化。由于正十二面体有 20 个顶点，所以在不同的顶点将其吊起 20 次之后，这个正多面体都会在旋转运动之后回到相同的位置。

吊起这个正多面体的方法，并不只有 20 种。当它被吊起时，仍然可以绕垂直轴旋转。在达·芬奇的画中，一条边（棱）位于一个顶点的后方，但是连接该顶点的另外两条边（棱）也都可以朝后。因此，若考虑到连接顶点的三条边（棱）都可能朝后，则吊起这个拥有 20 个顶点的多面体将总共有 60 种方法，即 20×3=60。

我认为，这就是数字 60 奇特且令人意外之处。但是，正十二面体绝不是一个特例，它是以其他许多几何体和结构为基础的，因此它的 60 种运动情况也是几何学领域一直关注的问题。

第 21 章　153：“鱼”数

153 这个数字看似普通，却出现在《圣经》的重要章节。当基督徒在加利利海遇见复活的耶稣时，奇迹发生了：基督徒们在湖上捕鱼却毫无收获，这时耶稣让他们再试一次。当基督徒西门·彼得把渔网拉上岸时，大家都非常惊讶，因为“网里装满了 153 条大鱼，而且即便装了这么多的鱼，网依然没有破裂”（故事参见《约翰福音》，第 21 章第 11 节）。

神学家们绞尽脑汁思考这件事情：为什么网里正好装了 153 条鱼？最终，这些人只给出了一些奇奇怪怪的解释。其中一种解释相当“简单”，却让人难以信服。

他们认为基督徒们并没有精确地数出153条鱼，甚至可能根本没数过，他们只是惊讶于鱼的数量如此之多，于是就凭空想象出了这个数字。

有一个名叫哲罗姆（Jerome，约340—420年）的神父曾提到，根据古希腊动物学家的观点，世上有153种鱼，因此数字153可以象征数量之丰。

《约翰福音》的作者大概没有意识到数字153惊人的数学特性，即153其实是第17个三角形数（如图21-1）。也就是说，如果用石子摆成一个正三角形，其底部一排由17颗石子组成，倒数第二排由16颗石子组成，以此类推，那么石子的总数就是第17个三角形数。计算这个三角形数的方式为17+16+⋯+2+1，而这些数字的和就是153。

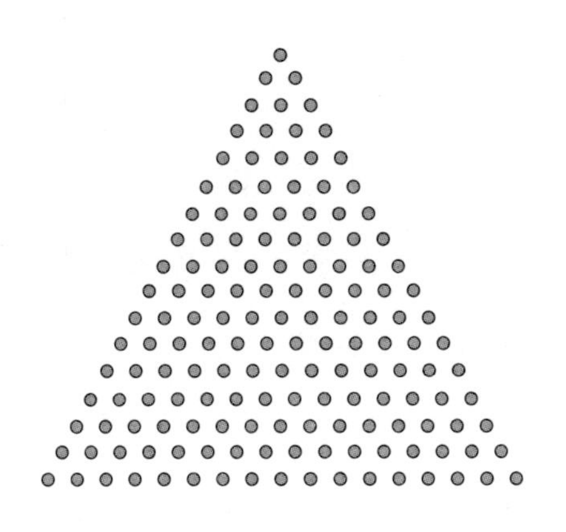

图21-1　用153颗石子正好可以摆出第17个三角形数

此外，还有一个神父奥古斯丁（Augustinus，354—430 年）也阐释了 153 的数学特性。他解释道：一方面，153 是第 17 个三角形数，而 17 是由 7（圣灵的七种恩赐）以及 10（十诫）相加得来的。另一方面，我们在求取三角形数时，是将数字依次相加。类似地，一个正整数的阶乘是所有小于等于该数的正整数的积。例如，5 的阶乘写作“5！”，即 5×4×3×2×1=120。若计算前五个正整数的阶乘之和，即 1!+2!+3!+4!+5!=1+2+6+24+120，其结果正好是 153。

153 的第三个数学特性更为奇特。我们将数字 153 拆开来看，即 1，5 和 3。这次，我们计算一下这几个数字的三次幂，即 $1^3=1$，$5^3=5\times5\times5=125$，$3^3=3\times3\times3=27$。最后，我们将这些数的三次幂相加，奇迹出现了，1+125+27=153。

如果这还不够奇特，我们再尝试这么做：取任何一个可被 3 整除的数字，将这个数字拆开，计算拆开后各个数字的三次幂，随后将各个数字的三次幂相加，得到的是同样能被 3 整除的数字。例如，取数字 48，则会得到 $4^3+8^3=64+512=576$。我们再将新得到的数字拆开，并计算拆开后三个数字的三次幂之和，看看会得到什么：

$5^3+7^3+6^3=125+343+216=684$

$6^3+8^3+4^3=216+512+64=792$

$7^3+9^3+2^3=343+729+8=1\ 080$

$1^3+0^3+8^3+0^3=1+0+512+0=513$

$5^3+1^3+3^3=125+1+27=153$

计算的结果又回到了 153，陷入了无尽的循环中。结果真的是这样，你不妨试试！

第 22 章　666：兽数

数字 666 的典故源于《圣经》最后一部分《启示录》中的一段话。在《启示录》第 13 章中写道："在这里有智慧！凡是聪明的人，可以让他计算野兽的数目，因为这是人的数目，其数目是六百六十六。"

这些句子通过某种修辞手法让人们对此深信不疑。《启示录》的作者有着强烈的信念，并且相信听众或读者也会被这些信息俘获。

然而，如果有人冷静地去询问这句话的实际意义是什么，那便很难回答了，因为它的意义并不明确。"野兽的数目”应该是多少？为什么它等于人的数目？为什么这个数字应该是666？《启示录》中的这段话透露出的是威胁，是黑暗的信息，以至于无人能回答这些问题。

在通常情况下，“野兽”被解释为“敌基督”，即那些质疑耶稣基督权力的对手。

“人的数目”常被认为是人的名字对应的数字，其计算方式如下：在希腊语和希伯来语中用字母表示数字。也就是说，每个字母都会对应一个数字，将与一个单词中的字母对应的数字相加，得到的就是这个单词对应的数。

在希腊语中，前9个字母代表个位数：A（alpha）=1，B（beta）=2，Γ（gamma）=3，Δ（delta）=4，以此类推。随后的一些字母代表十位数：I（iota）=10，K（kappa）=20，Λ（lambda）=30，M（my）=40，…最后的一些字母代表百位数：P（rho）=100，Σ（sigma）=200，T（tau）=300，…因为个位数、十位数和百位数需要使用9个字符去表示，但希腊字母

只有 24 个，所以有 3 个数字必须使用特殊字符表示，这 3 个数字分别是 6，90 和 900。

由此看来，“人的数目”是人名对应的数字，即人名中每个字母对应数字的和。由于《启示录》中没有指明是哪个人，于是许多研究人员便自发地去破译数字 666，他们要找到一个对应数字 666 的名字。而根据《启示录》来看，这个人必定是一个“敌基督”。

人们较早研究的是 Euanthes、Lateinos 及 Teitan 这些名字，他们对应的数字都是 666。例如，根据希腊数字和字母的对应关系，Teitan 对应的数是 666，即 $T+E+I+T+A+N$=300+5+10+300+1+50=666。

在中世纪晚期，某些教皇和教会神职人员是“敌基督”。教皇本笃十一世就是其中之一：$B+E+N+E+\Delta+I+K+T+O+\Sigma$=2+5+50+5+4+10+20+300+70+200=666。后来，人们还研究了皇帝尼禄，他是公认的“敌基督”，因为在他的统治下第一次有了对基督徒的迫害。再后来，人们又将野兽的数目和皇帝图拉真联系到了一起。

这么看来，许多人都在进行挑战，寻找666之谜的答案。

现在，一些数字命理学家将连续的数字和字母进行匹配，并设定A=100，B=101，C=102，…就这样形成了数字字母对照表。这个对照表看起来特别有趣，因为希特勒的名字对应的数字是666，即$H+I+T+L+E+R=107+108+119+111+104+117=666$。同样地，“humbug”（欺骗）这个单词对应的数也是666，即$H+U+M+B+U+G=107+120+112+101+120+106=666$。

如果你有充足的时间，也可以随心所欲地找到与数字666对应的任何单词。

令人吃惊的是，数字666还蕴含了有趣的数学属性。它是简单数、平方数和立方数的“完美统一体”。

首先，数字666是前36个自然数的和：$1+2+\cdots+36=666$。换句话说，666 是第36个三角形数。

其次，数字666是前7个质数的平方和：$2^2+3^2+5^2+7^2+11^2+13^2+17^2=4+9+25+49+121+169+289=666$。

最后，数字666与前6个自然数的立方和有着密切的关系：$1^3+2^3+3^3+4^3+5^3+6^3+5^3+4^3+3^3+2^3+1^3=1+8+27+64+125+216+125+64+27+8+1=666$。

除此之外，如果将 1 000 以内的罗马数字中的每个数字只使用一次，那么就会得到数字 DCLXVI，而这个数字就是 666。

第23章　1 001：传奇之数

数字 1 001 就是 1 000 加 1。1 000 就已经是一个很大的数字了，而 1 001 还比 1 000 多 1，所以，这是一个能帮你打开无限之门的数字。

1 001 这个数字从故事《一千零一夜》中获得了传奇的名声。这个故事发生在古阿拉伯的一个小岛上。它开局很残酷，但结局很美好。

故事中，山努亚国王被他的妻子公然出卖，不但深受伤害，而且备受侮辱。随后他不仅处决了他的妻子，还决定惩罚天底下所有的女人，因为他相信世界上没有一个像样的女人。

他的“阴险计划”是每晚都俘获一个年轻女人，第二天早上就处决她。因此，许多年轻的女人都遭其毒手。不久后，宰相的女儿山鲁佐德为了拯救无辜的女人，主动去找了国王，称愿意嫁给他。

山鲁佐德才是故事的真正女主角，因为她有一个可以创造奇迹的办法。她在新婚之夜，或者说她的最后一晚，对国王讲述了一个扣人心弦的故事。恰好在黎明时分，这个故事到达了令人窒息的高潮。于是，国王想，“在我听完这个故事之前，我不会杀她”，便将对山鲁佐德的处决第一次推迟了一天。

第二天晚上，山鲁佐德接着第一晚的故事线，讲述了一场激动人心的冒险，是关于遥远的国家及一些不知名人士的故事，这回的故事比第一夜的还要精彩。黎明来临，故事也推进到了最紧张的时刻。国王为了听故事的结尾，又一次推迟了对山鲁佐德的处决。

山鲁佐德在下一晚接续了前一晚的精彩故事，并在黎明时分再次将故事推到了高潮。而国王再一次想先听完这个故事，于是就把杀山鲁佐德的日期又延迟了一天。

就这样，山鲁佐德讲述了一个又一个精彩的故事，陪伴了国王一千个夜晚。

在第一千零一个晚上，她讲述了一个残酷统治者的故事。国王听出来说的是自己，他在听完这一切后，“冷静下来，沉默，思考，平息怒气，向上帝祷告。”他公开忏悔自己的行为，并宣布愿娶山鲁佐德为妻。随后，他们举办了一场非常盛大的婚礼。

在第一千零一个晚上，通往未来的大门真正被打开了：恐惧消散，幸福来临。不仅是他们两个，所有人都过上了美好的生活。

从数学的角度来看，1 001 不是一个数值较小的数字。许多人认为它是一个质数，因为它既不能被 2 整除，也不能被 3 或 5 整除，但这是错误的认识。1 001 不是一个质数，它是 7，11 和 13 的乘积。值得注意的是，1 001 可以被 11 整除。

这个特性使它成为证明许多数字可以被 11 整除的重要工具。这里列举两个例子：

1. 所有的回文数都可以被 11 整除（参见第 12 章

“11：神秘数字”，第 73 页）。这是为什么？我们以 9 779 为例来看一下：

9 779=9 009+770=9×1 001+770

由于两个加数 9 009 和 770 可以被 11 整除，因此它们的和 9 779 也可以被 11 整除。

2. 若一个六位数的前三位上的数字和后三位上的数字一样，例如 789 789，那么它就可被 11 整除。我们也来举例看一下：

789 789=700 700+80 080+9 009=700×1 001+80×1 001+9×1 001

由于 3 个加数 700 700，80 080 和 9 009 中的每一个加数都是 11 的倍数，因此它们的和也可以被 11 整除。另外，这种数字也可以被 7 和 13 整除，因为它可以被 1 001 整除。

第 24 章　1 679：对话外星人

1974 年 11 月 16 日，波多黎各的阿雷西博天文台向距离地球约 2.5 万光年的 M13 球状星团方向发送了一条长度正好为 1 679 字节的信息。

人们希望这条消息能被外星人接收和破译，然后与地球取得联系。

我们尝试想象一下，外星人必须具备什么样的能力才能破译阿雷西博信息。

首先，外星人要足够幸运，必须完整接收这条 1 679 字节的信息。只要缺少一点点，信息就不会被破译。其次，他们必须考虑这条消息的长度，也就是字节数，这一点至关重要，这样才能通过计数得到 1 679 这个数字。

另外，外星人也需要具备数学能力，或者至少是有较强的数字意识。他们必须想到将 1 679 这个数字进行质因数分解，但这并不容易。如果你做了长时间的尝试，就会发现 1 679 是 23 和 73 这两个质数的乘积。

下一步需要通过将数字转换成几何图形来进行破译。例如等式 15=5×3 表明，可以将数字 15 转换成 15 像素，并将其排列成 5×3 的矩阵。那么，等式 1 679=73×23 表明，1 679 字节的阿雷西博信息可以被排列成 73×23 的矩阵。

如果外星人有了关于像素矩阵的这个思路，那么就可以将 1 字节的每个数字理解为黑色像素，将 0 字节的每个数字理解为白色像素，这样，整个阿雷西博信息就被破译了。

按道理讲是这样的。然而，由于这些信息都是通过原始的像素图表示的，读出这些信息的实际内容仍然十分具有挑战性。

当时的人们认为，外星人一定能破译这条 1 679 字节的信息。

整个图形的排列很有规则，必须从上到下读取。在前四行中，外星人将会看到以二进制表示的 1 到 10 这几个数字（如图 24-1）。我们看一下这个图形的前四行：

0	0	0	0	0	0	1	0	1	0	1	0	1	0	0	0	0	0	0	0	0	0	0
0	0	1	0	1	0	0	0	0	0	1	0	1	0	0	0	0	0	0	0	1	0	0
1	0	0	0	1	0	0	0	1	0	0	0	1	0	0	1	0	1	1	0	0	1	0
1	0	1	0	1	0	1	0	1	0	1	0	1	0	1	0	0	1	0	0	1	0	0

图 24-1　阿雷西博信息图

若我们将像素着色，图片就会变得更清晰（如图 24-2）：

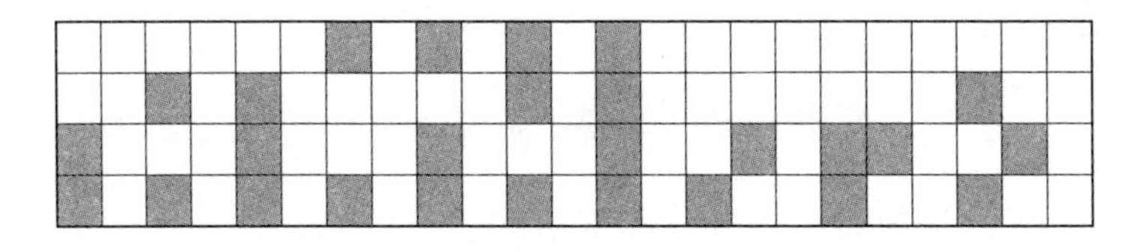

图 24-2　着色后的阿雷西博信息图

外星人首先应该会看前三行。在第一列，从上到下读取会得到 001，即数字 1。然后是一列空白方格，然后是二进制数 010，即数字 2。紧接着又是一列空白方格，随后可以读取到011，即数字3。这就是读取这条信息的规则，直到二进制数111，即数字7。下一个数字是8，在二进制中被写为1 000。其中的“1”本应写在这个图形的上方一行，但为了节省空间，不增加行数，则将其向右移动了一列。接下来是1 001（数字9）和1 010（数字10）。

随后，外星人也可以理解第四行中方格的含义：这些表示的是二进制数字的末位。

外星人在学会了数字1到10之后，便可以在这些数字的帮助下接收到更多的信息，即数字“1，6，7，8，15”的序列。这些是构成DNA的化学元素氢（H）、碳（C）、氮（N）、氧（O）和磷（P）的原子序数。

之后，外星人可以继续了解DNA的组成成分，如腺嘌呤、胞嘧啶、鸟嘌呤和胸腺嘧啶。例如，外星人读取的数字序列是45500，则会认为第一个数字4对应H，第二个数字5对应C，第三个数字5对应N，以此类推。相应的数字4，5，5，0和0表示一个分子中包含多少个相应的原子。这意味着序列45500将被解码为“4个氢原子、5个碳原子、5个氮原子、0个氧原子和0个磷原子”。我们将其写作$C_5H_4N_5$，即腺嘌呤碱基的分子式。

在进一步破译的过程中，外星人会识别出一个9×10像素的人形粗略草图（无性别），其中人的大脑只有1像素。他们还会得出当时世界人口的大概数量，这个数字以二进制形式表示：11111111110111111011111111110110，换算成十进制数就是4 292 853 750。

最后他们会识别出关于太阳系的信息以及发送这条消息的阿雷西博天文台的信息。

这么看来，外星人需要极高的智商才能破译阿雷西博信息。

阿雷西博信息是基于一个并不难理解的假设，即如果有外星人，那么，我们要与外星人取得联系，最好是借助数学手段。因为外星人也许对我们的文化、政治和社会问题并不了解，而且也不关心。

然而，我们根本不知道聪明的外星人是否拥有与我们相似的智力，也不知道他们是使用矩阵，还是其他完全不同的方式思考，以及他们是否使用不同种类的数位和像素，或者他们那里的一切是否都是动态的呈现。我们不知道他们是否有与我们相似的数字概念，尤其是我们不了解他们是否知道质数。

尽管如此，我仍然坚信，在人类文化成就中，外星人唯一能够理解的就只有数学。

第 25 章　1 729：拉马努金数

史上有一位杰出的数学家，他研究数学的方式在过去和现在看来都是极不寻常的，甚至与当时的数学背道而驰。我们谈论的这位就是印度数学家斯里尼瓦瑟·拉马努金（Srinivasa Ramanujan，1887—1920 年）。他在印度南部一个贫穷的婆罗门家庭长大，随后在当地一所管理极其严格的大学里接受了教育。

拉马努金偶然发现了一本数学书，这本书赋予了他的生活新意义和方向。这不是一本教科书，而是很多公式的合集。在这个合集中，大约罗列了 3 000 个公式，这些公式被一个接一个地列出来，几乎没有任何串联和说明的文字。这种书是互联网时代到来以前普遍存在且不可或缺的参考书。

这些公式指引拉马努金进入了数学的大门。他是如何研究这些公式的，我们无从得知，但我们可以想象他在研究时有多努力：他或许尝试过解释清楚每一个公式，或许尝试过从已有的公式中推导出一个新公式，或许进一步发展了类比法，等等。

但我们可以肯定的是，这本书是他人生的一个转折点，之后他的生活都与这些公式有关。这些公式加深了拉马努金对数学的认识，在他看来，研究数学意味着去寻找公式。他认为，我们不要试图推导它们或证明它们，甚至不要应用它们，我们的任务是寻找公式。后来，当他的那些喜欢数学的朋友问他是如何找到这些奇特的公式时，他毫不犹豫地回答说："那是我的女神在我睡梦中告诉我的。"可以这么说，拉马努金在这本书的基础上不断地"找到"新公式，并把它们写了下来。

拉马努金的天赋差一点儿就被埋没，直到1913年，他最后一次尝试让自己被大家所熟知。他写信给当时最著名的数学家，其中就有在剑桥大学三一学院任教的英国明星数学家高德菲·哈罗德·哈代（Godfrey Harold Hardy，1877—1947年），而他就是拉马努金的伯乐。哈代读到拉马努金的信非常激动。几个小时后，他意识到这封信是一位天才写给他的。令他激动的不是他不知道拉马努金的这些公式，而是他无法理解这些完全陌生的公式。

哈代竭尽全力，最后成功地将拉马努金邀请到英国，并开始了他们精彩且卓有成效的合作。拉马努金在事业上有了突破，他与哈代共同出版了作品。他也成为英国皇家学会的会员，在英国这是科学家的最高荣誉之一。

但美好只是短暂的，第一次世界大战给人们的日常生活带来了巨大的变化。许多英国科学家被征召入伍，因此拉马努金无法与哈代继续进行交谈。漫长的黑夜让习惯了南印度阳光的拉马努金心理感到不适。另外，拉马努金是素食主义者，他吃不惯这里的食物。不久之后，他生病了，不仅是身体上，还有精神上。他蜗居在公寓里无精打采地度过了很长一段时间。

1917 年，哈代去探望生病的、面容憔悴的拉马努金。坐下之后，哈代半开玩笑地说，他过来时乘坐的出租车有一个特别无聊的号码，就是 1 729。这时，拉马努金抬起头，脸上好似泛起了红光，喊道：“不，1 729 绝不是一个无聊的数字，因为 1 729 是可以用两种不同方式写成两个三次幂之和的最小数字！”

这时，杰出的数学理论家哈代好像停顿了片刻。拉马努金闪电般的反应证明了他对数学的深刻理解：三次幂，两个三次幂之和，然后是数字，可以用两种不同的方式完成运算，最后是具有此属性的最小数字。对于拉马努金来说，1 729 显然可以被写成两种形式，即 $1\ 729=1^3+12^3$ 和 $1\ 729=9^3+10^3$。

拉马努金还找到了关于圆周率 π 的公式。我们都知道，π 大约等于 3.14，确切地说，π = 3.1415926…是无限不循环小数，非常难以确切地计算（参见第 36 章“π：神秘的超越数”，第 221 页）。1985 年 11 月，拉尔夫·威廉·戈斯珀（Ralph William Gosper）成功地将π精确到了小数点后17 526 100位，创下了当时的世界纪录。拉马努金公式为：

$$\frac{1}{\pi}=\frac{\sqrt{8}}{9\,801}\sum_{k=0}^{\infty}\frac{(4k)!(1\,103+26\,390k)}{(k!)^{4}396^{4k}}$$

乍一看，这个公式似乎十分复杂，每个部分都很难让人理解。人们真的很想知道拉马努金究竟是如何想出这样一个公式的。

美中不足的是，公式左边是1/π。因为你计算出这个数字，还要去求倒数才能得到π。还有，没有人能理解公式中的这些数字！留给数学家的线索只有公式中间大写的希腊字母Σ，这意味着它是无穷多个数字相加的和。首先你必须设定$k=0$，然后设定$k=1$等，并计算出结果。事实上，在$k=0$的情况下，1/π的结果是0.3183098，由此得出的π竟然十分接近3.1415927…公式最右侧分子的每个项中都有“$(4k)!$”，分母的每个项中都有“$(k!)^4$”——这是很难被记住的公式，或者说这是一个很奇怪的公式。但是，这个公式是用来计算的！每增加一个新分数，小数点后都会新增八个数字。难以想象，一个人怎么能想出这样的东西！

第26章　65 537：箱中之数

65 537是一个打破了世界纪录的数字——虽然我们不知道这个世界纪录是否会被超越，还是终将成为永恒。

数字65 537是一个质数，而且是人类已知的“2^k+1”形式的最大质数。更准确地说，$65\ 537=2^{16}+1$。“2^k+1”形式的质数是以皮埃尔·德·费马（Pierre de Fermat）的名字命名的。他是法国一名律师，也是位数学家，其在1640年写的一封信引起了人们的关注。已知的费马数有3（即2^1+1），5（即2^2+1），17（即2^4+1），257（即2^8+1）及65 537。也就是说，65 537是已知最大的费马数。

这个纪录已经保持了近400年。费马希望借助这个规律来发现新质数。他已经得出，如果指数k是数字1，2，4，8，16，…中的一个，则“2^k+1”只能是质数。费马猜想：如果k是2的幂，那么“2^k+1”就是质数。这个假设是错误的，因为到目前为止，除上述几个质数之外，这种形式的数字都不是质数。

为什么费马数很重要？因为它们在构造正多边形时起着关键作用。

古代就已经有了这样一个问题：如果用直尺和圆规构造一个正n边形，n可以是多少？

首先，我们分析一下这个问题的核心。如果n是偶数且大于4，则只需将该正n边形一个顶点跟与它相邻顶点的下一个顶点依次连接，便可以从该正n边形中构造一个顶点数减半的正多边形。如果继续这个过程，则会得到一个正方形或一个有奇数个顶点的正多边形。

问题的关键在于，我们在用尺规作图构造一个正n边形时，n可以是哪些奇数？

1801年，约翰·卡尔·弗里德里希·高斯给出了一个关键的答案：如果n是费马数，则可构造出这个正n边形。这意味着：当且仅当n是一个费马数时，才能构造出一个正n边形。

古人早已知晓等边三角形和正五边形的构造方法，而正十七边形是由高斯在1796年成功构造出来的（参见第16章“17：高斯数”，第97页）。借助他的构图方法，正二百五十七边形也在19世纪的上半叶成功现世。1822年爱沙尼亚的马格努斯·乔治·帕克（Magnus Georg Paucker，1787—1855年）首先绘制出正二百五十七边形，1832年德国数学家弗里德里希·朱利叶斯·里奇洛（Friedrich Julius Richelot，1808—1875年）再次构图成功。

正六万五千五百三十七边形的构造尚无定论，因为基本上没人感兴趣，况且高斯不仅证明了构造该图形的可能性，还展示了构造它的原理。可以说，缺少的只是一个明确的作图方法。不过，话说回来，谁又想构造一个正六万五千五百三十七边形呢？

有一个人想。他是一名高中教师，名叫约翰·古斯塔夫·赫尔墨斯（Johann Gustav Hermes，1846—1912 年）。我们对他了解不多，只知道他于 1846 年出生在当时普鲁士的柯尼斯堡（今天的俄罗斯加里宁格勒）。在那里，他学习了数学，肯定接触到了正多边形的构造，因为正二百五十七边形的构造者里奇洛教授当时正在柯尼斯堡任教。通过国家考试后，赫尔墨斯开始了他的教师生涯。起初，他在柯尼斯堡的皇家孤儿院工作了 20 年。1893 年，他开始在林根中学担任教师，1899 年被聘为奥斯纳布吕克一所中学的校长。在他从事教学的头几年，他撰写了一篇关于费马数和正多边形构造方法的论文，凭借这篇论文，他于 1879 年在柯尼斯堡获得了博士学位。

这些事情平淡无奇，或者说在 100 多年后的今天早已不值一提。但我们今天之所以仍然提起赫尔墨斯，是因为他于 1879 年 11 月 4 日开始了一个项目。这个项目被赫尔墨斯称为“圆的分割日记”。该项目是在他获得博士学位后立即开始的。这个“科学日记”之所以引人注目，是因为赫尔墨斯在这个项目中投入了决心、恒心和耐心。人们从一开始就知道，这个项目不会对数学的发展做出多大贡献，最多只能满足一下大家的好奇心。

赫尔墨斯给自己定下的任务是构造出正六万五千五百三十七边形。他当然掌握了必要的构图方法，包括他从高斯的作品中学到的方法，也包括那些向里奇洛学习到并应用在他的博士论文中的方法。他很清楚，构造图形不是画出复杂的图纸，而是用具体的数字来表达出图形的大小与位置，例如点的坐标。这些数字看起来可能非常复杂，他先随意选取自然数，然后通过五种算术运算得出结果。五种算术运算是指四种基本算术运算（加、减、乘、除）以及开平方运算。用这种方法可以计算出许多数字，但绝不是所有数字，只是“可构造数”。另外，在这个运算中是不可以开立方或求极限的。

赫尔墨斯知道这些方法，并做好了充分的准备。

我们不知道赫尔墨斯是否了解自己的工作量有多大。直到 1889 年 4 月 15 日项目完成，他用了近十年时间。这是一项持续十年的繁忙的基础性工作，没有形成有影响力的学说，过程中也不需要使用新方法，但每一个细节都很重要。

最初，赫尔墨斯的作品因体量庞大而令人印象深刻。这部名为“正六万五千五百三十七边形”的作品由大约 55 厘米宽、47 厘米高的 200 多页纸组成。在这些 A2 大小的纸张上，赫尔墨斯用清晰的笔迹认真地记录了他的研究。在极其简短的目录和几页引言之后，基本上是表格。尽管表格中的内容字号非常小，甚至逼近了阅读的极限水平，但是表格仍然填满了整个页面，有时还必须粘上一页内容，并将其折叠起来。另外，这部作品几乎没有给我们留下“定理”或“证明”之类的说明文字。

赫尔墨斯将整部作品捆好之后发现依旧无法运输，于是又做了一个木箱将作品装起来，随后将木箱移交给了哥廷根大学数学研究所。

为什么选择的是哥廷根大学？因为当时的哥廷根大学被认为是世界数学的中心。在高斯时代（直到 1855 年），情况确实如此。到了 1886 年，德国数学家菲利克斯·克莱因（Felix Klein，1849—1925 年）被任命为哥廷根大学理事。他不仅是一位出色的数学家，还是一位特别成功的科学管理者，他让哥廷根大学又一次走在了世界的前列。

据推测，这部作品被直接移交给了克莱因，因为他让赫尔墨斯有机会在哥廷根科学学会的新闻中发表他的作品简本。克莱因对赫尔墨斯赞美道："赫尔墨斯教授在正六万五千五百三十七边形的研究中度过了他一生中的十年，他踏着高斯的足迹不懈地探索。这部极其珍贵的'日记'将被收藏在哥廷根大学数学研究所。"

诚然，写出这样的作品几乎是不可思议的，不过阅读这部作品同样也是不可想象的，因为要一步一步地检查参数。迄今为止，无人能做成这件事。然而，澳大利亚数学家琼·泰勒（Joan Taylor）正着手编写计算机程序，来计算正六万五千五百三十七边形的精确坐标。结果表明，程序生成的表格与赫尔墨斯的表格非常相似。这些证据表明了赫尔墨斯的研究成果在数学上是正确的。

第27章　5 607 249：欧帕尔卡数

1965年，生于法国的波兰艺术家罗曼·欧帕尔卡（Roman Opalka，1931—2011年）首次在画布上书写数字。他在画布左上角写下1，然后写了2，之后是3，以此类推。他挥动着小巧的画笔，一个接一个小心细致地写着。第一天过去了，这幅画只完成了一小部分，第二天又继续……他花了7个月时间，才完成第一幅画作，他将其命名为“欧帕尔卡 1965/1- ∞”。

然而，这不是这幅画的名称，而是以这幅画为起点的一个新项目的名称。因为画中最后一个数字是35 327，而且数字的书写还远没有到达极限。

就这样，欧帕尔卡继续在第二张画布上写数字，这一幅是从数字 35 328 开始。

欧帕尔卡找到了他的绘画方向，也就是写数字，不放弃地一直写下去。他一天写几百个数字，直到他生命的尽头。他没有画别的东西，也没有精力创作其他的作品，而是将全部生活献给了这串走向极限的连续数列。

此外，他还称这些画作为“零件”，因为它们仅代表了“欧帕尔卡 1965/1- ∞”整个项目的极小部分。

从 1970 年开始，他一边作画，一边读出数字。1972 年之后，他选择了颜色更加明亮的画布，每年都会多混合进去 1% 的白色颜料作为背景颜色。“我数着数字，写着数字，数字不断变大。我使用白色的颜料，用刷子涂在纯黑色的画布上。最初的黑色画布，后来越来越浅，越来越接近白色，直到所有的白色数字不再可见。到了这个时候，我的生命也就走到了尽头。”

欧帕尔卡的画作在艺术市场上极其昂贵，售价高到让人难以置信。一时间，他也成为一位赫赫有名的人物。

2011 年 8 月 6 日，欧帕尔卡去世。就在他离世的这一天，他还在继续书写数字，他写的最后一个数字是 5 607 249。

这是至今人类手写并数到的最大数字。

为什么数字是无限的？我们见到的所有时间计数都是有限的，要么顺其自然，走向结束；要么周而复始，重新计数。星期日之后是新的一周，元旦是公历新年第一个月的开始。

我们通过经验所确定的所有数字都是有限的：无论是宇宙中的原子数，还是宇宙大爆炸以来的纳秒数，这些实际存在的数字都是有限的。

在现今的数学领域，大家普遍认为“无穷大”起着核心作用。但是我们可以想象一个数学模型，在这个模型中，只有有限数量的对象。（数学的一些分支，例如组合数学，明确地说明了其只研究有限的事物。）在这样的数学中，会有最大的数，但不会有无理数，函数的连续性和可微性问题不在考虑的范围内。另外，如果没有无穷多个实数的帮助，物理学与技术工作的发展也将止步不前。

但即使是有限的数学，也可在逻辑上保持连续性。简单来说，如果我们想要无穷大，那么我们必须想象它存在。数学家通过公理表达了这种想法。

恩斯特・弗里德里希・费迪南德・策梅洛（Ernst Friedrich Ferdinand Zermelo，1871—1953 年）第一个清楚地认识到，无穷大不会“从天而降”。也就是说，无穷大不会自动适用于其他公理，它只是我们的一个假设。他在 1908 年提出了无穷公理，并指出最基本的无穷集合就是自然数集合。

第 28 章　$2^{67}-1$：无言地计算

1903 年 10 月 31 日，美国数学家弗兰克·纳尔逊·科尔（Frank Nelson Cole，1861—1926 年）在美国数学学会（AMS）的一次会议上发表了一场被载入史册的奇怪演说。他基本上没有演讲，更确切地说，他一句话也没说。

科尔的演讲主题是“梅森素数”。与许多人一样，法国神学家和数学家马林·梅森（Marin Mersenne，1588—1648 年）也在寻找质数的计算公式。他关注到了表达式 2^n-1。当 $n=2$ 时，则可得到 $2^2-1=3$，3 是一个质数。同样地，当 $n=3$ 时，则可得到 $2^3-1=7$，7 也是一个质数。但是，如果 $n=4$ 时，则会得到 $2^4-1=15$，15 就不是质数了。梅森很快断言，当 n 本身是一个质数时，2^n-1 就一定或者说大概率是一个质数。

这听起来有些矛盾，实际上并不矛盾。因为指数 n 相对较小，但得到的结果数值却很大。例如，小指数 $n=7$，得出的质数是：$2^7-1=127$。紧接着，可以使用新得到的数继续计算，从而得到另一个新的数，以此类推。

但事实并没有那么美好，因为并不是代入每一个质数 n 都会得到一个新质数。梅森当时就已经知道，$2^{11}-1=2\ 047$，2 047 这个数字是 23 和 89 的乘积，因此它不是质数。

所以必须进行验证，将每一个质数 p 代入 2^p-1 中，看看得到的结果是否是质数。当时一个尚无定论的例子是当 $p=67$ 时的情况。梅森声称 $2^{67}-1$ 的计算结果是一个质数，但法国数学家弗朗索瓦·爱德华·阿纳托尔·卢卡斯（Francois Edouard Anatole Lucas）在 1876 年否认了这一点。卢卡斯只是从理论上考量的，他无法给出 $2^{67}-1$ 计算结果的具体质因数。

科尔接受了这一挑战，并在 1903 年 10 月 31 日美国数学学会举行的会议上发表演讲，这是他的胜利时刻。被告知演讲开始之后，科尔起身走到了左侧的黑板边，拿起一支粉笔在黑板上写下 $2^{67}-1$，之后一句话也没说，就计算了起来。我们不知道他是如何算出结果来的，但计算的方式并不难。可能他将 2 乘了 67 次，也就是说依次计算 1，2，4，8，…然后减 1。也可能他将 2^{67} 写成了 $2^{10+10+10+10+10+10+7}$，这个数等于 $2^{10}\times2^{10}\times2^{10}\times2^{10}\times2^{10}\times2^{10}\times2^{7}$。而且由于他知道 $2^{10}=1\ 024$ 及 $2^{7}=128$，接下来他只需要计算 $1\ 024\times1\ 024\times1\ 024\times1\ 024\times1\ 024\times1\ 024\times128-1$ 即可。不论计算方法如何，科尔最终得到的结果是 147 573 952 589 676 412 927。

当他计算出这个数字后，一言不发地走向了右边的黑板，就像我们在学校进行乘法运算那样，开始计算 193 707 721 和 761 838 257 287 的乘积。他仔细地计算着，最终得到了一个和左侧黑板上数字相同的结果。

然后，科尔又坐了下来，一句话也没说，但观众却起立为他鼓掌庆贺。后来，当被问及是如何找到这两个质因数的时，他轻描淡写地回答了一句，“三年内所有的星期天”。

直到今天，寻找大质数的过程仍然非常有趣。每个数学家都知道质数有无穷多个。大约公元前300年，欧几里得第一个证明了这一点。也就是说，截至某一时刻所发现的最大质数，绝对不是最大的质数。因为根据欧几里得的说法，总会有一个更大的质数。

几十年来，已知的最大质数一直符合“2^p-1”的形式，即梅森素数。然而，就所能计算的数量级来说，科尔所在的时代与当今时代不可同日而语。截至目前的最大质数是在2018年发现的$2^{82\,589\,933}-1$。如果你要计算这个数字，会发现这是一个24 862 048位的十进制数。也就是说，这个数字是$10^{24\,862\,048}$的数量级，这个数量级比宇宙大爆炸以来的纳秒数都要大很多。科尔是没有机会亲自手写计算来检查这个数字是否是质数了。

顺便说一句，任何人都可以参与到计算出下一个质数世界纪录的竞赛中。输入关键词“Great Internet Mersenne Prime Search (GIMPS)”(搜索“梅森素数”)，就可以下载一个程序，寻找下一个质数。祝你好运！

第 29 章　-1：荒谬之数

一位教授站在教室门前，他看到 5 名学生走进了教室。结果，过了一会儿，有 6 名学生走出来了。教授想：即便现在再有一个人进去，教室里也会是空无一人。

这个经典的数学笑话奇妙地展现了负数的矛盾性。我们会问："这是怎么回事？从空无一物的地方还能找到东西？"

几千年来，类似这种想法使人们无法接受负数。相比其他数字，负数一直不被人们认可。商人都会使用分数来计算，方根与圆周率 π 也经常出现在数学计算中，只有负数一直被排斥在外。

很多情况下，负数是不必要的，只不过有时的情况会稍微复杂一些。例如，一元二次方程 $x^2+px+q=0$，其中 p 和 q 可以是任何数字（正数或负数）。举一个具体的例子：$x^2+4x-2=0$，如果没有负数，由于这里出现了减号，那么这个算式便毫无意义。现在我们可以说是将方程 $x^2+4x=2$ “转换”为方程 $x^2+4x-2=0$，但几个世纪以前的人认为，第二个表达式根本不是方程。

在引入负数之前，必须区分四种类型的二次方程（高次方程的类型更多）：

$x^2+px+q=0$，$x^2+px=q$，$x^2+q=px$，$x^2=px+q$，每个方程式都有正数 p 和 q。因此，需要四种对应的求解方法。

在当时，人们可以理解求差运算，例如计算 12−5 的结果。大家普遍认为，从一些物品中取走一部分，剩余的部分就是差，而差是一个正数，或者在特殊情况下可能是 0，但是剩下的部分不可能是 −3。

那么，负数是何时变得不可或缺的？

当我们提起钱时，就必然会提到收入和支出或者资产和债务。这些事情很好理解。例如，我挣了 3 盎司，花了 5 盎司，所以我欠了 2 盎司。但是，一旦把这个过程翻译成数学语言，就必须知道如何计算出 3 减 5 的结果。我们会将“2 盎司的债务”写成“-2”。

由于有了“资产负债模型”，许多含有负数的运算都很好理解。婆罗摩笈多就曾使用负数运算过。1202 年，斐波那契在其著作《计算之书》中也曾使用了个别的负数，其中还有一些抽象的负数，例如一个方程的解出现了负数。

有了资产和负债的概念，就很容易理解 -3+（-5）是什么意思，即 3 盎司的债务加上 5 盎司的债务就是 8 盎司的债务，我们将其写成 -3+（-5）=-8。普遍认为，负数的加减法比较容易理解。

4×（-3）也很好理解，即 4 倍的 3 盎司债务。我们可以将其写成 4×（-3）=-12。也就是说，正数乘以负数也不难理解。

（-3）×4 与 4×（-3）类似，但却是不同的表达式。这在资产负债模型中无法获得有意义的解释。难道要理解为 -3 倍的 4 盎司债务？为了计算（-3）×4，数学家用到了乘法交换律。对于乘法来说，被乘数和乘数的顺序不重要，即对于数字 a 和 b 来说，$a \times b=b \times a$。若这个定律对负数也适用，则可以得出结论：$(-3)\times 4=4\times(-3)=-12$。

迈克尔·斯蒂费尔（Michael Stifel，1487—1567 年）是德国施瓦本地区的神学家和数学家，他在他的《整数算术》（1544 年）一书中，第一次认可了负数，而不仅仅将它们视为债务的简写。但他仍然称它们为“无意义的数字”（numeri absurdi）或“虚构的数字”（numeri ficti）。随后他也提到，这些虚构的数字在数学中有很大的用处。

法国工程师和数学家阿尔伯特·吉拉德（Albert Girard，1595—1632 年）在他的著作《代数新发现》（1629 年）中写到，负数和正数具有相同的地位。负数可以和正数一样作为方程的系数，也可以作为方程的解。

为什么负数乘以负数等于正数？

为什么-1 乘以-1 等于 1？我们不能定义这个算式的乘积是 6，-7 或 π 吗？其实，我们可以这么定义。

但是，与其他的定义一样，不在于定义对与错，而在于它是否有用，即是否对我们仍有帮助，或者是否会给我们带来不必要的困难。

德国数学家赫尔曼·汉克尔（Hermann Hankel，1839—1873 年）使用了一个奇妙的解法来说明(-1)×(-1)=1。他称这个解法为“永久序列法”。先给出一个等式，随后有规律地改变等式中的某项，形成一个永久性的等式序列：

$$3\times(-1)=-3$$

$$2\times(-1)=-2$$

$$1\times(-1)=-1$$

$$0\times(-1)=0$$

这些等式是成立的。其实我们可以借助资产负债模型来理解。

现在我们来看看这些等式序列中最左边的项：3，2，1 和 0。按规律我们不难想象，下一个数字一定是 -1。

在最右侧，我们看到了 -3，-2，-1 和 0。同样地，不需多想就能知道下一个数字应该是 1。

当我们将这两个想法结合在一起时，我们就得到了下一个等式。我们将 -1 写在最左边，将 1 写在最右边，就得到(-1)×(-1)=1。好奇妙！正好就是“负负得正”。

这听起来很有说服力，也十分合理。因为这种方法符合我们所使用的正数的运算法则。无论怎么看，这都没有矛盾。

或许人们仍会反对定义(-1)×(-1)=1，并认为理论上可能还会有其他情况。也许会有，但是从数学的角度来看，这个定义是明智的。

第 30 章 2/3：残破之数

传说，有一天毕达哥拉斯在散步时经过了一家铁匠铺。这可能不是他第一次经过这家铁匠铺，也可能不是第一次听到铁匠重击铁器的声音。但是，就在这一天，这个声音特别悦耳，毕达哥拉斯对此很着迷。于是，他想知道为什么会发出这种声音。

他走进铁匠铺，目光落在了铁匠用来打铁的锤子上。须臾之间，他想到，原因可能着落在这些锤子上。他认为，用不同重量的锤子击打器物会产生不同的音调，而如果几个锤子的重量形成一定的比例，就会产生和声。

毕达哥拉斯是这么猜想的。但是，这种假设却是错误的。

不过，他的基本思路正确，而且很有探索性和前瞻性。直至今日，他的猜想仍然影响着数学和音乐两大领域。音高可以用数字来表示，而音程可以用这些数字的比例来表示。

毕达哥拉斯的学生研究乐器，探究声音和数字之间的关系。他们在试验单弦乐器时取得了一些特别有意义的成果。

古希腊的单弦琴是一种只有一根弦的乐器，可以通过拨动琴弦发出声音。为了弹奏出不同的音调，需要在某个位置把琴弦分成两部分，这种方式类似于按压吉他或小提琴的琴弦。若是拨动单弦琴被分成两部分的琴弦的左边或右边，则会发出两种不同的音调。这两种音调混在一起会形成纯音程，例如八度、五度、四度，听起来十分悦耳。毕达哥拉斯在铁匠铺听到的美妙声音就是这样的。

每当出现这样的音程，毕达哥拉斯的这些后辈就会测量两部分琴弦的长度，结果获得了令人吃惊的发现。

这个发现以一种几乎很奇妙的方式证实了毕达哥拉斯的猜想：在一个八度音程中，两部分琴弦长度的比例为2:1，五度音程的比例是3:2，四度音程的比例是4:3。简而言之，两部分琴弦的长度比例越简单，声音就越纯净；两部分琴弦长度的比例越复杂，声音也就越复杂。

这一发现对音乐和数学都产生了巨大的影响。对于音乐，至少是西方音乐，人们开始专注于八度、五度、四度、三度等音程，最终促进了音调系统及其数字标记的诞生。

对于数学，这一发现也使人们的认识不仅仅局限于自然数。人们不再仅仅观察单个的物体并计算这些物体的数量，而是开始计算两个自然数间的比例。人们可以这样描述："两条线段的长度比例是3比5"，或者"两条线段的长度比例相当"，等等。

希腊数学家建立了一种全面的比例理论，并能熟练地计算出数字之间的比例，不过他们并未将这些比例视为"数字"。

我们称分数为"有理数"（德语为"rationale

zahlen”)，这会让人想起那个比例理论，因为“有理数”这个名称正是来自拉丁语“ratio”(比例)。

事实上，人们已经注意到了 1，2，3 等自然数能用作粗略的计量。在测量长度时，用这些数字往往准确度不够，人们经常需要“介于”如整数 1 和 2 之间的数。还有，在分发物品时，自然数有时也是不够用的。例如，八个人分三块面包，这该如何计算呢？

那就使用分数。今天的我们当然会这么认为，但这对于几千年前的人们来说却十分困难。

如果有人无法理解分数或者想避免使用它，那么就会想到去使用“更小的单位”。我们今天已在使用这种方法，例如，当我们理解不了 0.001 米时，那就将它视为 1 毫米。更加实际的例子就是使用金钱。我们可以将 1 欧元分成 100 欧分，于是我们就可以支付较小的金额，例如 0.5 欧元或 0.83 欧元。

罗马人也使用了分数，最起码能够表达它。他们将 1 阿司[16] 分成 12 盎司，并使用这个比例换算，也就是说

---

⑯ 阿司，古罗马货币单位。

是 1/12。除此之外，盎司下面还有更精细的划分。而且每个分数都有一个单独的名称，所以这些分数几乎是不可用来计算的。

在过去，世界许多地方可以熟练地使用分数进行运算，例如，与古罗马时代同期的一些中国数学家，再例如公元 500 年前后的印度人——婆罗摩笈多就在其作品中提到过。过去的这些分数表达方法与今天的几乎一致，即分子写在分母上面，只不过这些分数都没有使用分数线。

分数线是阿拉伯人发明的。在欧洲，斐波那契在他的《计算之书》中首次使用了分数线。斜杠分数线是在 18 世纪发明的，这是因为使用水平分数线的分数很难被印刷出来。

分数具有一些性质，这些性质我们无法从自然数中得到。所以，分数给我们展示了一个更加丰富的数字世界。

分数的性质有以下几个：

1. 看一下这个不等式 $1/2 > 1/3 > 1/4 > 1/5 > 1/6 > \cdots$

你会发现这些分数的值依次递减，即单位分数（又叫“分数单位”）的分母越大，分数的值越小。

2. 我们可以使用分数进行精确的测量，也可以通过使分数的分母逐渐变大，无限地接近一个数字。9/10已经接近1，但99/100更接近，9 999/10 000比前面的还要接近，等等。在数学领域，人们普遍认为分数在实数中是密集分布的。

3. 每两个分数之间有无数个其他分数，有许多方法可以证明这一点。例如计算1/4和1/2的算术平均数，即（1/4+1/2）/2=3/8。之后，我们再计算1/4和3/8的算术平均数，得到5/16，以此类推。

4. 数学中有一个奇怪的现象，就是同一个数字可以用很多不同的分数来表示，例如：2/3=4/6=6/9=16/24=…因此分数的大小与分数的分子和分母的大小没有直接关系，如果分子和分母都很大，这个分数仍可能很小。

5. 分数的运算十分有趣，尤其是计算0到1之间的分数时。如果将一个数乘以这样的分数，积会变小；

如果将它除以这样的分数，商就会变大！

早在 4000 年前，埃及数学家就掌握了一种表示分数的方法。更准确地说，这些是特殊分数，即所谓的单位分数——分子为 1 的分数，例如 1/2，1/5，1/37。他们在自然数的上方标记了一个特殊的椭圆形象形文字，这个符号像一个“嘴巴”，加上它之后 4 就变成了 1/4，10 就变成了 1/10，等等。

由于古埃及人只能写出单位分数，因此有些分数需表示成若干个单位分数之和的形式。另外，他们还规定这些分数的分母应该不同。也就是说，如果古埃及人想要表示如今所用的 2/5，那么他们写出的就不是 1/5+1/5，而是 1/3+1/15。这一点很容易验证：1/3+1/15=5/15+1/15=6/15=2/5。

这种情况很矛盾。对我们来说，分数 2/5 是通过计算得到的一个结果，而对古埃及人来说这是一个算式，他们计算出 2/5=1/3+1/15，即他们计算的结果是：1/3+1/15。而我们把 1/3+1/15 作为一个算式，去计算 1/3+1/15，得到 2/5 这个结果。

那么，如何将一个数字表示为多个单位分数的和呢？一个个尝试很浪费时间，更简便的方法是用这个数字去减一个小于该数字的最大单位分数。例如，如果我们想将数字 2/5 表示为两个不同的单位分数之和，首先我们通过观察，得出 2/5 比 1/3 大一点，然后用 2/5 减 1/3，最后我们将这两个分数通分，5×3=15，得到 6/15-5/15。这个差值等于 1/15。所以，2/5-1/3=1/15。通过重新整理会得出 2/5=1/3+1/15。

同理，我们会发现 2/7=1/4+1/28，2/9=1/5+1/45。大约公元前 1650 年的《莱因德纸草书》中记录了有关古希腊数学的知识，我们今天对此的了解大部分都源于这本书。书中有一个表，罗列了一些分数，即 2/5，2/7，2/9，…，2/101，这些分数是两个不同分母的单位分数之和。

当然，我们无法将每个分数都写成两个单位分数之和。例如，对于 3/7，我们就无法做到。但是，这个分数却是三个单位分数的和。由于 3/7=1/3+2/21，根据上文所述，2/21 又可以被写成两个单位分数的和，

即 $2/21=1/11+1/231$，所以 $3/7=1/3+1/11+1/231$。事实上，“$3/n$”形式的每个分数都是最多三个不同单位分数的和。

截至目前，在数学的这个领域，并不是所有问题都获得了答案。例如，“$4/n$”形式的每个分数是否是最多三个单位分数的和？这仍然是一个未解之谜。

第31章 3.125：简而不凡

1585年，数学界出版了一本薄书，全书只有37页，它的作者是佛兰德斯的一名会计师、工程师和数学家西蒙·斯蒂文（Simon Stevin，约1548—1620年）。他希望借此向全世界传递一条积极的信息：算术很简单！

他在这本书的前言中描述了自己的新发现："没有特意地去寻找，就如同一位航海者无意间发现了一个未知的岛屿一样，我只是偶然发现了它。"正如水手向他的国王展示岛上的财富，例如丰富的水果和宝贵的原材料，斯蒂文在这本书中描述了他的新发明及其巨大的应用价值，并指出，"它会超出所有人的想象。"

这本书的书名为《论十进》，描述的是一种计算方法。用这种方法之后，计算不再需要分数，日常的计算也会变得“非常简单”。他说：“加减乘除所有这些运算都会变得简单，就像用整数计算时那样。”为此，斯蒂文鼓励所有的天文学家、土地测量师、裁缝、酒商、造币专家及商人去使用这种方法。

斯蒂文并不是空口无凭，而是有据可依。他的发现就是十进分数，即小数，他也成为系统介绍小数的第一个人。他首先解释了小数的含义：3.125表示3+125/1 000。之后他又展示了用小数计算是多么得简单。对如今的我们来说，这是不言而喻的，但对于当时受困于分数的人来说，他的解释及给出的例子都具有开拓性意义：

1. 用小数可以更加简单地比较数的大小：4/7是否小于3/5？这很难确定。但0.378小于0.401却是显而易见的。

2. 其实小数加法的难度和整数加法的难度差不多。计算3/7+5/9很困难，且容易出错，但1.37+5.41却可以简单地计算。

3. 乘法和除法运算也很容易，斯蒂文也用了几个例子清楚地描述了这一点。

斯蒂文这本书的内容专业、可信，但是，他并不是第一个使用小数的人，小数的发展也远没有结束。

在比斯蒂文早几个世纪的中国，人们就已经开始使用小数了。之后，小数从中国经由阿拉伯，最后被传到了欧洲。10世纪，阿拉伯数学家阿尔·乌格利迪西（Al-Uqlidisi，约920—约980年）写了一本书，书中出现了小数。波斯数学家阿尔·花剌子米在9世纪也将小数带入了伊斯兰数学世界。另外，撒马尔罕的数学家阿尔·卡锡（Al-Kashi，约1380—1429年）在他的《算术之钥》（1427年）一书中展示了应该如何正确理解小数并用小数运算。

也就是说，在斯蒂文之前，人们就已经知道了小数。但是，他是认识到小数的重要性，并系统介绍小数的第一个人。

然而，斯蒂文的小数书写形式非常复杂。他在小数点后一位的地方标记①，在小数点后两位的地方标记②，以此类推。虽然这样书写看起来很明确，却并不简便。关于小数书写形式的这个争论，直到今天都没有结束。

16 世纪末，法国律师、数学家弗朗索瓦·韦达（Francois Vieta，1540—1603 年）用竖线代替了小数点。1617 年，苏格兰数学家、神学家约翰·纳皮尔（John Napier，1550—1617 年）在其一部影响深远的著作中同时使用了“,”和“.”。

17 世纪 70 年代，戈特弗里德·威廉·莱布尼茨（Gottfried Wilhelm Leibniz，1646—1716 年）建议，在用乘法计算的时候，乘号用“·”而不是“×”。于是，人们又开始争论“.”和“·”的使用规则。例如，在英格兰，直到 20 世纪还依然将“3 乘以 5”写成 3.5，而“3·5”表示的是小数 3.5。

如今，除英国外的欧洲国家及拉丁美洲国家用逗号表示“·”，而英国、美国、澳大利亚和许多亚洲国家则使用“.”。在德国，5008 号标准（DIN 5008）规定了小数点的具体书写规则。

斯蒂文高度赞扬了小数发现的意义，但在某些时候，用小数计算不但不简单明了，反而令人迷惑。我们把一些常见的分数转换成小数，例如1/2，1/3，3/4，5/6，3/7，…将分数1/2和3/4转换成小数较为简单，即1/2=0.5，3/4=0.75，但在转换分母为3，6，7的分数时，就会有惊喜的发现：1/3=0.333…，5/6=0.8333…，3/7=0.428571428571…这些竟然是无限循环小数！

那么，我们可以知道分数a/b所对应的小数是有限的还是无限的吗？这是可以的。我们只需要查看分母b即可。例如，分母为1 000的任何分数都可转换成有限小数，就如347/1 000=0.347。同样地，分母为10 000或1 000 000的任何分数也都可转换成有限小数。简而言之，如果一个分数的分母是10的几次幂，或者说一个分数的分母可以转换成10的几次幂，那么这个分数就可转换成有限小数。分母为4，50或125的分数也可转换成有限小数。

这么说来，所有其他分母的分数都只能转换成无限循环小数，例如1/6=0.1666…，1/9=0.111…，

1/12=0.08333…这些无限循环小数在小数部分含有连续重复的数字，我们会在这些重复数字的上方标记一条横线，例如 3/14=0.2142857142857…$=0.2\overline{142857}$。

为什么分数都是有限小数或无限循环小数呢？为什么不是像 π 这样的无限不循环小数呢？

我们看一下 1/7，如果将分数线作为除号，我们则需要计算 1÷7。做除法的时候，每一步计算后都会有一个余数，这个余数必须小于 7，否则就又可以相除了。这意味着余数只能是 1 到 6 这几个数字。最多 6 步之后，余数将会重复，随后出现的是重复的数字。实际计算下来，1/7=0.142857142857…$=0.\overline{142857}$。

分数是有理数，它是有限小数或无限循环小数，而无限不循环小数是无理数。

顺便说一下，斯蒂文也在偶然间发现了无限小数，只不过他觉得这不是什么大问题。他对此给出了一个实用的建议：若遇到无限小数，那就根据实际情况省略多余的部分。

第32章 0.000…：微乎其微

《幸运的汉斯》是《格林童话》中的一个故事，它在众多的童话故事中极为显眼，因为故事的背后蕴含了一个深刻的道理。故事中，汉斯工作了七年，作为回报，他得到了一块和他脑袋一样大的金子。然而，这块金子太重了，于是，他用金子换了一匹马。可是马狂奔起来几乎能将汉斯甩掉。所以，汉斯又用马换了一头奶牛，并带着它继续赶路。路上，他想挤点儿牛奶，结果被奶牛踢了一下，汉斯跌倒在地。于是，他把这头牛换成了一头小猪。路上，汉斯碰到了一个小伙子，小伙子告诉他这头小猪不能要，所以汉斯又把小猪换成了鹅。后来，他遇到了一个磨刀的老伯，在老伯那里他用鹅换了一块磨刀石。最后，他坐在一口井边，把磨刀石放在一旁。他喝水时不小心碰到了磨刀石，磨刀石掉进了井里。

今天的我们会认为汉斯是最大的输家，因为他每一次的交易都是失败的，而且他工作七年的所得慢慢被消耗殆尽。但是，故事里的汉斯却传达出了另一种生活态度。他大喊:“天底下没有人像我一样快乐。”故事的结尾写道:“他带着一颗轻松的心，摆脱了所有的负担，跳了起来，然后回家和母亲团聚。”

我们来算一算，汉斯究竟是怎么戏剧性地失去他的东西的。假设金块的价值为 1，一匹马的价值可能是金子的十分之一，而一头牛的价值是一匹马的十分之一，即一头牛的价值是金子的 1% 或 0.01。小猪的价值是牛的十分之一，是金子的 0.001，以此类推。鹅的价值为金子的 0.0001，而磨刀石的价值仅为金子的 0.00001。

实际上，“0.000…1”型的小数在数学中被认为是极其微小的数。然而，对于这样的数，如果一个个数出有多少个 0，既费事，又容易出现错误。为此，我们有两种方法可以解决这个问题。

其一，我们可以使用毫、微和纳等单位。毫的意思是千分之一，例如，小猪的价值是金子的一毫。微是百万分之一，如磨刀石的价值是金子的十微。而纳表示的是十亿分之一。

其二，我们保留小数0.000…的书写方式，但要明确指出0结束的具体位置。为此，我们要注意第一次出现非0数字的小数数位。如果是在小数点后的第三位，则将其写为10^{-3}。也就是说，10^{-3}等于0.001。数字10^{-5}等于0.00001，因为1在小数点后的第五位。乍一看，这种书写方式好像很奇怪，实际上它是清楚地描述微小数字的最佳方式。

肉毒素是毒性最强的毒药之一，它的全称是“肉毒杆菌毒素”，这种毒素致死人类的剂量是每千克人的体重约1纳克肉毒素。医药和化妆品中对其的用量是1纳克的一千分之一，在1皮克范围内，即10^{-12}克。

更小的数字可能会出现在顺势疗法中。这种疗法中用到的每种药物都有一个由字母和数字组成的名称，它描述了药品内容及稀释度。例如，“Nux vomica D6”（马钱子D6）表示“母酊剂”已被稀释了10^6倍。字母D代表10的幂，D6则表示与10^{-6}相同的稀释度。再例如，D12的母酊剂含量只有10^{-12}，即万亿分之一。另外，还有C系列，这些是被稀释100倍的药剂。例如“Arnica C30”（山金车C30）中的药剂已经被稀释了100^{30}倍，即10^{60}倍。一升水中大约含有10^{24}个分子，如此看来，把母酊剂稀释后，Arnica C30药物的浓度变得微乎其微。

然而，稀释在顺势疗法中反而被看作是一种“强化”。“Arnica C30”对母酊剂进行了30次强化。每一次都是将之前的母酊剂稀释100倍，然后再“摇晃”这些药剂。十次的“摇晃”极其强烈，每一次都像撞击坚硬且有弹性的物体，例如皮装的图书。

对于顺势疗法的有效性及其必要的证明，还没有达成共识。顺势疗法的支持者对顺势疗法的有效性深信不疑，他们提到了此疗法的“强化”作用——通过摇晃产生的效力，即势能。他们相信，通过“强化”作用，药剂浓度将降低，但疗法的药效会增强。他们认为，实际上也可以用稀释度来描述药剂的效力。例如，C30 的效力是 10^{-2}，10^{-4}，…，10^{-60}。

一些理性的科学家坚定地指出：首先，效力的数学概念（幂）与顺势疗法中的势能只是形式相像；其次，这里的效力（幂）是负指数幂。从科学的角度来看，负效力实际上证明了这种疗法是没有任何效果的。

不过，顺势疗法的支持者和反对者都认为，该疗法的实际药效不是药品中可能含有的物质和那些数字能够说明的。

什么是 0.999…？大多数数学家都“知道”0.999…=1。一少部分数学家及大多数非数学家不相信这一点，并且坚信数字 0.999…（也写作 $0.\overline{9}$）实际上应该比 1 小一点。

那么，该如何解决这个问题呢？我们首先要弄清楚 0.999…究竟是哪个数字。对此，我们会先看数字 0.9，然后是数字 0.99，再然后是 0.999，以此类推。我们将无限地接近 0.999…这个未知数。

0.999…可以小于 1 吗？也许是比 1 小百万分之一，即 10^{-6}？这是不可能的。举个例子来说明一下原因。例如 0.999999999，或者后面再加上若干个 9，它与 1 的差值小于百万分之一。

我们可以这么来理解：首先，随意给出一个极其微小的数字。然后，从某个地方开始，出现了数列 0.9，0.99，0.999，…这比所给出的数更接近 1。这种情况下，我们称这个数列“收敛于”1。

现在有两种思维方式：绝大多数数学家说，“0.999…代表的是极限值。由于这个数的极限是 1，因此 0.999…=1。”少数人认为，0.999…与 1 有所不同，它不是比 1 小了某个具体的数字，而是比 1“无穷小”的数量级，这个无穷小的数量级包含位于 0 和 10^{-k} 之间的所有“数字”。这是“非标准数学”，太难以想象了！和传统数学的解释一样，这个逻辑也说得通。简直太奇妙了！

第 33 章 $\sqrt{2}$：超级“无理”

画一个正方形很容易，而画一条线连接正方形不相邻的两个内角更容易。

据记载，古希腊人在一次教学中，看到了正方形对角线的重要性。大约公元前 400 年，哲学家柏拉图在其对话集《美诺》里描述了一个场景：一个男孩正在学习如何画出一个面积是原始正方形两倍的正方形，他的旁边是苏格拉底。男孩做错了几次，苏格拉底不断地巧设问题来点拨他。最终，男孩给出了这个问题的答案（如图 33-1）：

首先，将原始正方形绘制四次，这就构建出一个边长为原始正方形边长两倍、面积为原始正方形面积四倍的大正方形。其次，在不触及大正方形四个内角的前提下，画出四个小正方形的对角线。四条对角线组合成了一个新正方形，其面积正好是原始正方形面积的两倍。理由是，每条对角线都将小正方形分成了面积相等的两部分。

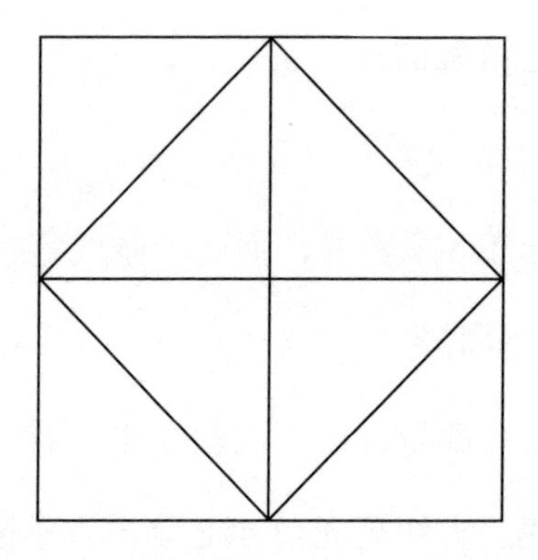

图 33-1　面积是原始正方形四倍和两倍大的正方形

从几何的视角来看，绘制正方形的对角线十分简单。但是，正方形的对角线究竟有多长呢？这是一个令人兴奋的问题！带着对正方形对角线长度的思考，我们踏入了一个全新的世界。

我们来看刚刚画的这个图形。首先假设原始正方形的边长为1，那么由四条对角线构成的新正方形的面积就是2。如果我们假设新正方形的边长为g，那么就可以计算出它的面积，即g乘以g。我们知道g乘以g等于2，那么接下来只须找到符合这个条件的数。这个数就是$\sqrt{2}$（根号2），即$\sqrt{2}$乘以它自己等于2。

我们可以使用其他一些方法来了解$\sqrt{2}$大概有多大,例如,通过精确的测量会得到$\sqrt{2}$约等于1.4。但是，我们是想知道它的精确数值。结果发现，虽然我们可以更精确地确定它的数值，但似乎总是没有尽头。$\sqrt{2}$既不是分数（例如47/33），也不是有限小数（例如1.41）。$\sqrt{2}$是一个无理数！这意味着我们找不到两个自然数a和b，使分数a/b等于$\sqrt{2}$。

我们该如何证明这一点呢？很容易证明的是$\sqrt{2}$不等于47/33。因为47/33乘以47/33的结果大约是2.028，它约等于2，却不是2，所以无法证明$\sqrt{2}$等于47/33。然而，这个例子只能说明$\sqrt{2}$不等于47/33这个特殊的分数，而我们要证明的是$\sqrt{2}$与所有的分数都不相等。

大约公元前 300 年，欧几里得就在其《几何原本》一书中证明了 $\sqrt{2}$ 不可能是一个分数，这是数学史上的壮举。

原则上讲，我们证明的思路主要是假设 $\sqrt{2}$ 恰好等于分数 a/b，并由此证明出其逻辑上的矛盾性。既然这样行不通，那么就可以说明 $\sqrt{2} = a/b$ 的假设是错误的。

我们可以假设分数 a/b 已经化简到了最大限度，也就是说这两个数字不能都是偶数。这将会成为证明中的一个矛盾点。即我们现在证明 a 和 b 都是偶数，如果是偶数，那么就出现了矛盾。

如果 $\sqrt{2}=a/b$，那么分数 a/b 乘以它自己也会得到数字 2。也就是说，$a/b \cdot a/b=2$。如果把此等式两边都乘以 $b \cdot b$，就可以得到等式 $a \cdot a=2b \cdot b$。

现在，证明的关键是重点关注数字 a 和 b 是否都为偶数。

首先，我们考虑等式的右边，即 $2b \cdot b$，这个乘积是一个偶数，因为它是 $b \cdot b$ 的 2 倍。

所以等式的左边，也就是 $a \cdot a$，结果也一定是偶数。所以 a 是偶数。（因为如果 a 是奇数，那么根据“奇数乘以奇数的结果也是奇数”这个法则，$a \cdot a$ 也会是奇数。）又因为 $a \cdot a$ 中的被乘数和乘数都有质因数 2，所以 $a \cdot a$ 可以被 4 整除。

现在我们再来看看等式右边。由于等式左边是一个能被 4 整除的数，那么 $2b \cdot b$ 的积同样也可以被 4 整除。由此推导出，$b \cdot b$ 的积可以被 2 整除，所以数字 b 也是偶数。

这就出现了矛盾。

用类似的方法可以证明 $\sqrt{3}$，$\sqrt{5}$，$\sqrt{6}$，$\sqrt{7}$，…也是无理数。更准确地说，$\sqrt{n}$ 总是一个无理数，除非 n 本身是一个平方数。换言之，对于所有非平方数 n，$\sqrt{n}$ 都是一个无理数。所以，无理数有无数个。

1786 年 10 月 25 日，哥廷根的一位数学家、哲学家格奥尔格·克里斯托夫·利希滕贝格（Georg Christoph Lichtenberg，1742—1799 年）在写给约翰·贝克曼（Johann Beckmann，1739—1811 年）的

一封信中表达了以下想法："在所有规格为四开、八开、十六开……的矩形纸张中，纸张的短边与长边必须是 $1:\sqrt{2}$ 的比例，也就是正方形的边长与其对角线长度的比例。"

这就是纸张规格标准的基本思想。诺贝尔奖获得者弗里德里希·威廉·奥斯特瓦尔德（Friedrich Wilhelm Ostwald，1853—1932 年）起草了德国纸张规格标准，并称之为"世界规格标准"。他的学生——柏林工程师、数学家沃尔特·波斯特曼博士（Dr. Walter Porstmann，1886—1959 年）进一步发展了这个想法。1922 年，沃尔特·波斯特曼发表了自己的观点，几乎获得了全世界的认可。他的观点是，连接标准规格纸张长边的两个中点，并沿着连接线折叠，就可以得到一张与原始纸张规格相似的纸。"相似"在这里的意思是折叠后每个小矩形长边与短边的比例与原始纸张的相同，如图 33-2 所示。

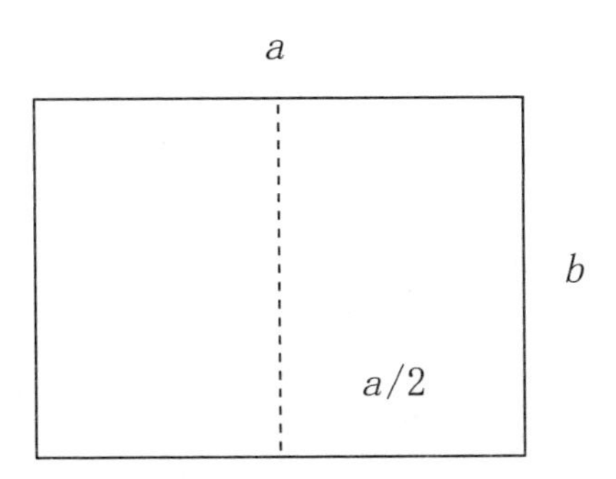

图 33-2　连接长边的两个中点，并沿着连接线折叠，就可以得到与原始纸张规格相似的纸

有了这些信息，我们就可以确定矩形的长宽比例。利希滕贝格当年就是这样得出的结论：若 a 表示矩形长边的长度，b 表示矩形短边的长度，那么它的长宽比就是 $a:b$。所以，折叠之后小矩形的长宽比为 b:（$a/2$）。又已知这两个比例相同，因此 $a:b=b$:（$a/2$）。于是推导出 $a^2=2\times b^2$，即 $a=\sqrt{2}\times b$。换言之，长边是短边的 $\sqrt{2}$ 倍。

德国纸张规格标准将不同大小的纸张进行了规定，例如 A4 纸对折后可得到 A5 纸。另外，人们还规定了 A0 纸的大小正好是 1 平方米。所以，所有纸张的大小就都确定了。

第 34 章　$\sqrt[3]{2}$："倍立方"

公元前 430 年左右，在希腊的提洛岛发生了一场可怕的瘟疫，岛上四分之一的人都因此而丧生，整个雅典也是如此。这种情况下，岛上的多利安人别无他法，只能寻求神谕。

寻求神谕的使者是一位名叫皮提亚的女祭司。在用圣泉洗礼后，她前往阿波罗神庙。她站在祭坛前，秉承着多利安人的信念，尝试与阿波罗对话，然后将神谕传给人们。

皮提亚得到的神谕是，多利安人必须建造一个新祭坛，其大小正好是现有祭坛的两倍。

这个回答让人摸不着头脑，而且与瘟疫没有明显的关联，但多利安人还是要尽力去满足神谕的要求。可以这么说，他们完全听从了阿波罗的指示。他们很清楚，将祭坛扩大一倍不能只是简单地在原祭坛旁边建造出第二个祭坛。阿波罗的意思是建造一个体积是原祭坛的两倍且形状与之相同的祭坛。祭坛大致是一个正方体形状，所以他们必须从几何的角度去思考这个问题，即构造一个体积正好是原正方体两倍的新正方体。

如果问题是将正方形扩大一倍，那么多利安人肯定知道怎么做。他们会将正方形的边长扩大到之前的 $\sqrt{2}$ 倍。

棱长为 g 的正方体的体积为 $g \cdot g \cdot g$。例如，棱长为 1 的正方体，它的体积就是 1，因为 $1 \times 1 \times 1=1$。所以，要得到体积翻一倍的正方体，即体积为 2 的新正方体，则必须满足 $g \cdot g \cdot g=2$，或者简写成 $g^3=2$，即 g 的三次方等于 2。这个数字用 $\sqrt[3]{2}$（2 的三次方根）表示。

很容易计算出 $\sqrt[3]{2}$ 介于 1.25 和 1.26 之间。因为 $(1.25)^3 \approx 1.95$，$(1.26)^3 \approx 2.0004$。但是，阿波罗想要的是一个精确的解决方案，而多利安人手里能够画出正方体棱长的工具却只有直尺和圆规。

多利安人想不出答案，于是便向柏拉图求助。在当时，柏拉图几乎就是数学领域的权威。

柏拉图学派的那些数学家们或许很快就发现了 $\sqrt[3]{2}$ 不是一个分数，而是一个无理数，但这个发现并不能帮助他们在这个问题上的研究更进一步。许多无理数可以用尺规画出长度，例如 $\sqrt{2}$。但是，这些科学家却没有画出长度为 $\sqrt[3]{2}$ 的线段。现在，我们已经知道，他们根本找不到这个问题的解决方案。

古希腊的这些数学家为解决这个问题付出了很大的努力，但利用尺规对他们来说是远远不够的，他们还需要其他的辅助手段。后来，人们时常发问：究竟是否可以通过尺规作图来构造出一条长度为 $\sqrt[3]{2}$ 的线段？

原则上讲，很难证明任何一个问题无解。不去解决问题或者尝试了却没有成功，都无法证明一个问题无解。有限的生命无法处理无限的问题，所以人们必须寻找可以解决这些问题的方法。

若要解决上面的这个几何问题，必须借助代数。简而言之，就是把几何问题转化为代数问题。

为此做出突出贡献的是法国伟大的哲学家和数学家勒内·笛卡儿（Rene Descartes，1596—1650年）。在多利安人提出“倍立方问题”大约2000年之后，笛卡儿在他的著作《几何学》及1637年出版的《方法论》的附录里建立起了“解析几何”。

解析几何将几何与代数联系在了一起，使每个点的坐标都可以用数字来表示：在平面上由两个坐标表示，在空间中由三个坐标表示，并且每个几何图形都可以被表述成一个方程（或多个方程）的形式。我们都熟悉这一点，例如，圆的方程是$x^2+y^2=r^2$。也就是说，当一个点的坐标（x，y）满足方程$x^2+y^2=r^2$时，那么该点正好位于圆上。

这种方法为解决问题开辟了新途径，使我们可以通过代数来解决几何问题。可以肯定的是，任何几何问题都可以转化成代数问题。我们这里所说的代数问题是：可以画出长度为$\sqrt[3]{2}$的线段吗？

笛卡儿所处的时代过去200年之后，人们才在代数领域开始了对“可构造数”的研究，“倍立方问题”也才得到了进一步的发展。

给定一条长度为 1 的线段，并只在尺规的帮助下，可以构造出哪些其他长度的线段呢？

1. 很显然，我们可以构造出长度为 2，3，4，…的线段。同样地，构造出 1/2 和 2/3 等长度的线段也不是很难。更准确地说，我们可以构造出所有自然数和正分数。

2. 如果借助圆，我们也可以构造出平方根。例如，画出以原点（0，0）为圆心、半径为 2 的圆，圆的其中一条直径与圆相交于点（$\sqrt{2}$，$\sqrt{2}$）和点（$-\sqrt{2}$，$-\sqrt{2}$）。通过这种方式，可以用正数来构造出所有的平方根。

3. 我们也可以在平方根的基础上继续构造，得到四次方根。也可以继续下去，得到八次方根。我们还可以同时使用平方根和四次方根构造出八次方根，等等。然而，通过这种方法，我们无法得到三次方根、五次方根、六次方根等。这种可构造数是在 18 至 19 世纪发展起来的，并很好地将几何问题转化成了代数问题。

为这个问题画上句号的是法国数学家皮埃尔·汪策尔（Pierre Wantzel，1814—1848 年）。他在 1837 年证明了人类无法构造出 $\sqrt[3]{2}$ 这个数字。而且他还补充道，即便我们付出了很大的努力，所有的三次方根也都无法被构造出来。

"倍立方问题"又被称为"提洛问题"，是著名的"古希腊数学三大未解难题"之一。另外两个未解难题是"化圆为方问题"和"三等分角问题"。

解决这些问题都需要精确构造，而不是取近似解，而且它们从根本上限制了尺规作图的可能。这意味着我们可以用"直尺"作一条直线去连接已经构造的点，也可以用"圆规"并借助所构造出的圆心和半径画出一个圆。我们必须将构造出的这些线和圆转化成代数，而这将成为我们继续研究问题的出发点。

这里具体说一下另外两个古希腊几何问题：

"化圆为方问题"：画一个圆，并通过尺规作图构造出一个与之面积完全相等的正方形。如果圆的半径为 1，则需要画出一个长度为 $\sqrt{\pi}$ 的线段。

“三等分角问题”：给出任意一个角，并通过尺规作图将其三等分。

这两个问题不是没有解决，而是和“倍立方问题”一样，无法解决！“化圆为方问题”无法解决的原因在于圆周率 π 是一个超越数。德国数学家卡尔·路易斯·费迪南德·冯·林德曼（Carl Louis Ferdinand von Lindemann，1852—1939 年）在 1882 年证明了这一点（参见第 36 章“π：神秘的超越数”，第 221 页）。三等分角通常也是不可能的。汪策尔在 1837 年说明了无法构造出 20 度的角，也就是说 60 度角无法被三等分。

第 35 章 ϕ：黄金分割

长期以来，黄金分割数都是重要且有价值的数，不过只是在数学领域。但不知从何时起，这个数字竟一度走红，成了大众追捧的对象。

其实，黄金分割指的是线段上的一个点将线段按一定比例进行分割，线段总长度、较长部分的长度及较短部分的长度形成了一种特定的比例关系。准确地说，黄金分割有两个相同的比例关系：其一，总长度与较长部分长度的比例；其二，较长部分长度与较短部分长度的比例。简单来说就是：

$$\frac{\text{总长度}}{\text{较长部分}}=\frac{\text{较长部分}}{\text{较短部分}}$$

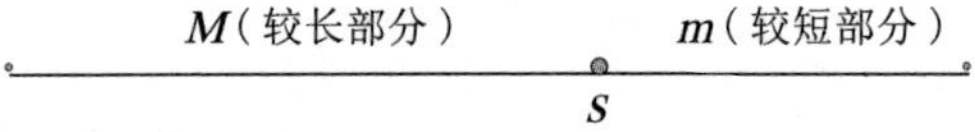

M（较长部分）　　m（较短部分）

S

我们习惯用 M（源自拉丁语“major”，意思是“大”）来表示较长部分的长度，用 m（源自拉丁语“minor”，意思是“小”）来表示较短部分的长度。那么，线段总长度就等于 $M+m$。于是两个比例分别是（$M+m$）/M 以及 M/m。因此，黄金分割公式就是：

$$\frac{M+m}{M}=\frac{M}{m}$$

这只是一个定义。我们还没有弄清楚，到底有没有这样的一个分割点。还有，这个可能存在的分割点又具体在哪里呢？我们用上面的公式来推导一下。

我们这么来推导：首先，将等式的左边写成两个加数的和，然后将等式两边都乘以 M/m：

$$\frac{M+m}{M}=\frac{M}{M}+\frac{m}{M}=1+\frac{m}{M}$$

接下来是：

$$1+\frac{M}{m}=(\frac{M}{m})^2$$

如果我们用 x 来表示所求的比例 M/m，则上述方程式可以写成 $x^2=x+1$ 或 $x^2-x-1=0$。由此，我们得出这个二次方程的正数解，即（$\sqrt{5}+1$）/2。

如果计算一下这个算式，则会得到 $\phi\approx1.618$。我们将 1.618 这个数字称为黄金分割数，用 ϕ（希腊语“phi”）表示。

我们也可以计算线段较长部分的长度 M 与线段总长度的比例。我们知道 $M/(M+m)=\phi^{-1}$。又因为 ϕ 有一个奇妙的性质，即 $\phi^{-1}=\phi-1$。所以 $M/(M+m)=\phi-1\approx0.618$。这意味着黄金分割点位于总长度的约 61.8% 的位置上。

我们不但可以计算出黄金分割比例，还可以构造出它。许多建筑符合黄金分割，其中有些在古时候就已经家喻户晓了。最令人惊讶的建筑之一是哈德逊河谷精神病院，其黄金分割点是美国艺术家乔治·奥多姆（George Odom，1941—2010 年）在 1982 年住院时发现的。

我们找出等边三角形两条边的中点 A 和 S，再将两个中点相连，线段 AS 的延长线与等边三角形的外接圆相交于点 B。于是，点 S 就是线段 AB 的黄金分割点（如图 35-1 所示）。

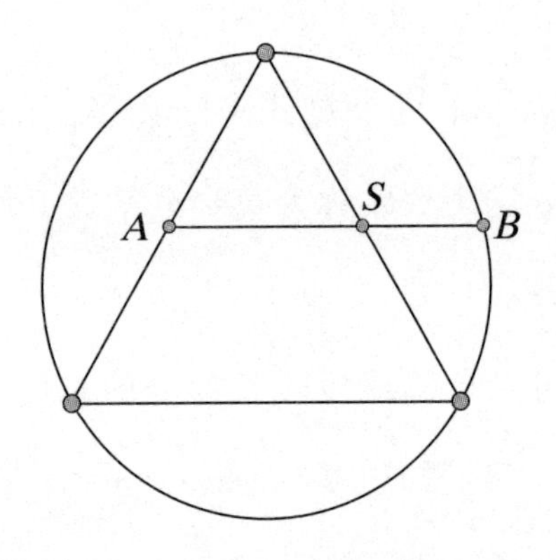

图 35-1　线段 AB 的黄金分割点 S

黄金分割最惊人、最重要的表现形式是正五边形（参见第 5 章“5：自然之数”，第 27 页）。在正五边形中，黄金分割的存在方式有两种。

其一，正五边形的任意两条对角线在正五边形内相交于一点，那么这一点是这两条对角线中每一条的黄金分割点。

其二，假设正五边形对角线的长度为 d，边长为 a，那么 d 与 a 的比值等于 ϕ。换句话说，$d=\phi \cdot a$。

反过来说，如果我们知晓了黄金分割比例，就可以构造出正五边形。

黄金分割数 $\phi=(\sqrt{5}+1)/2$，它是一个无理数，也就是说，它不是一个分数。我们今天可以通过根号认识到这一点。事实上，毕达哥拉斯的学生希帕索斯就以纯几何学证明了黄金分割数不可能是一个分数。因此，这个数字就成为人类认识的第一个无理数。

黄金分割在数学领域一直备受关注，甚至受到了一些人的极力推崇。之所以受到如此的待遇，是因为在它的帮助下，人们可以构建出正五边形、正十二面体和正二十面体。

在欧几里得所在的时代，黄金分割比例只不过是线段一部分的长度与全长或者一部分与另一部分长度间的一种比例关系。在大约1800年后，卢卡·帕乔利出版了论著《神圣比例》。而后，德国天文学家、物理学家、数学家约翰内斯·开普勒（Johannes Kepler，1571—1630 年）则将黄金分割比例推向了数学领域的制高点。他在论著《宇宙的奥秘》中写道："几何有两大宝藏：一个是直角三角形斜边和直角边的关系（开普勒所指的是勾股定理），另一个是分割一条线段，使其形成一定的比例关系（这里指黄金分割比例）。"后来他提到，若将勾股定理比作一块金子，那黄金分割比例就是一颗宝石。

"黄金分割"一词首次出现在 1835 年。德国数学家马丁·欧姆（Martin Ohm, 1792—1872 年）在一本教科书的脚注中使用了这个词。随后，这个词便很快流行起来，1860 年前后就已经尽人皆知了。但是，这时候黄金分割只是出现在数学领域。

政治家、作家阿道夫·蔡辛（Adolf Zeising，1810—1876 年）凭借其在 1854 年出版的《人类躯体平衡新论》和随后的诸多著作，开辟了黄金分割的全新应用领域，并引起了社会舆论的广泛关注。直至今天，关于黄金分割的讨论还在火热地进行着。

蔡辛没有将黄金分割数看成普通的数字，而是坚定地认为黄金分割是“自然领域和艺术领域所有设计的基本准则，它催生了美感和艺术的整体性”。

蔡辛和他的追随者发现，黄金分割现象在世界上很普遍。他发表的论著是关于人体的，书中记录了他对人体进行的测算。蔡辛不仅将人体作为一个整体来看待，还关注人体每一个部位的构造，例如脸、手臂、手指、腿等。尤其令人惊奇的是，肚脐正好位于人体的黄金分割点上。

就是这一个小小的研究，帮助蔡辛迈入了艺术领域。他相信，从艺术的角度来看，人体具有黄金分割比例。既然人体是按照黄金分割比例构造的，那么人认为美丽的一切也必须由黄金分割比例决定。

最初，蔡辛主要关注的是古希腊的艺术和建筑，例如，约公元前100多年的《米洛斯的维纳斯》及其他的古典雕像。他还研究了雅典卫城上的帕特农神庙，认为其宽度、高度及许多其他的比例都是黄金分割比例。

蔡辛的学生和后继者将目光投向了那些欧洲杰出的

艺术作品，其中许多作品拥有黄金分割比例，例如耶罗尼米斯·博斯的《干草车》（1490年）、拉斐尔的《伽拉忒亚的凯旋》（1512年）和《西斯廷圣母》（1512—1513年）、阿尔布雷希特·丢勒的《丢勒皮装自画像》（约1500年），当然还有达·芬奇的《蒙娜丽莎》。

一再被提及的还有莱比锡老市政厅（1556—1557年建造），这座建筑的塔楼恰好位于整栋建筑的黄金分割点上。

许多科学家对蔡辛的学说持批评态度，并质疑将黄金分割作为普遍性的原则。事实上，这是有很多原因的。

1. 现有的生理学或解剖学发现不足以证明人体具备黄金分割比例。如果人的肚脐高出黄金分割点10厘米，人体仍旧可以正常运转。

2. 如果只是根据经验去确定黄金分割点，例如通过测量相应的长度，则不可避免地会产生误差。当我们在看黄金分割数和斐波那契数时，很容易将“大约”3:2或5:3的比例误认为“正好是”3:2或5:3，并将错误归咎于“测量有误差”。有人认为，食指末节与剩余部分的长度成黄金分割比例。你不妨自测一下，或许就会得到大约3:5的比例。

3. 在艺术作品中，几乎很难找到证据和线索证明它们的创作者了解或者使用过黄金分割比例，特别是那些老一辈艺术家。

4. 人们往往只去寻找那些著名作品中的黄金分割点，但是没有哪一位艺术家被烙印上“黄金分割兴盛时期”的标签，艺术史也没有记载艺术家们对黄金分割的使用与发展。

5. 近现代的一些艺术家反而在他们的作品中故意使用黄金分割比例，像勒·柯布西耶（Le Corbusier，1887—1965年）、乔治·修拉（Georges Seurat，1859—1891年）和乔·尼迈耶（Jo Niemeyer，1946年—　）。黄金分割在他们的作品中经常出现，甚至还成为他们作品的核心。

蔡辛的观点在过去和现在都产生了巨大的影响，但只是一种主观臆断，他充其量也就是进行了简单的研究。不过，蔡辛坚信自己的观点是正确的。

分数可以无限接近黄金分割数。更准确地说，分子和分母为斐波那契数的分数可以无限接近黄金分割数。

斐波那契数列 1，1，2，3，5，8，13，21，…中的每个数字都是其前面两个数字之和。这意味着下一个斐波那契数是 34，即 13+21=34（参见第 17 章“21：兔子和向日葵”，第 103 页）。

如果将连续的两个斐波那契数相除（每次都是用较大的数除以较小的数），很快就能得到近似黄金分割数 1.618 的值。更准确地说，斐波那契数列收敛于黄金分割数（如表 35-1 所示）：

表 35-1　斐波那契数列收敛于黄金分割数

n	1	2	3	4	5	6	7	8
f_n	1	2	3	5	8	13	21	34
f_{n-1}	1	1	2	3	5	8	13	21
f_n / f_{n-1}	1	2	1.5	1.67	1.6	1.625	1.615	1.619

从表中可以看出，8/5 的比值仅与黄金分割数相差约 1%，而 13/8 的比值甚至与黄金分割数相差约 0.7%。

第 36 章　π：神秘的超越数

大约 6000 年前，人类发明了轮子。确切地说，这是人类史上的一场革命。以前，人们想要运送沉重的货物，必须靠出苦力在地上一点一点地拉动货物，而现在滚动的轮子使这一切变得更加轻松。自从人类发明出第一个轮子起，各种新式轮子便不断地涌现。

其实，人类应该再早一些发明轮子，因为圆形及球体是自然界中的基本形状，例如太阳、月亮、花朵、果实，甚至水滴和石头落入水中时泛起的涟漪。

若要制造一个轮子，首先要确定它的直径，而这很容易；反过来看，制造出一个轮子之后，也可以很轻松地测量出该轮子的直径。不过，人们还想知道这个轮子的周长和面积，因为这涉及要使用多少原材料的问题。人们知道什么是周长和面积，但是要将其计算出来就很困难，而且需要永无止境地计算。

解决这个问题的第一步不是很难，很多人都可以很轻松地想到：直径乘以一个数字可以得到周长，而对于所有的圆来说，这个数字都是相同的。无论是戒指、呼啦圈或赤道，只须将其直径乘以这个数字就会得到它的周长。17 世纪以来，这个数字就用希腊字母 π（pi）来表示。因此，圆的直径 d 和周长 U 之间的关系可用等式表达为：$U=\pi\cdot d$。

这样就出现了一个新问题，即如何计算出 π 的值。在 4000 年前，人们就开始了第一次尝试。当时，人们觉得，它不但具有清晰的几何意义，还与人们的实际生活息息相关，所以它不能是“某一个”数字，而应该是“简单的数字表达式”。

世界上许多地方的人都在计算 π，并尝试求取它的近似值。起初得到的是 π=3，例如在《圣经》的《列王纪》中就有记载。公元前1900年左右，巴比伦人得出 $\pi=25/8=3.125$。约公元前1650年，在埃及的《莱因德纸草书》中可以看到 $\pi=(16/9)^2\approx3.1605$。公元前4世纪，印度一些数学家得出 $\pi=339/108\approx3.139$；还有一些数学家认为 π 与数字10有关联，并认为 $\pi=\sqrt{10}\approx3.1622$。除此之外，早期还有很多其他的尝试，但计算结果都不正确。

阿基米德（Archimedes，约前288—前212年）的研究否定了数字 π 是简单的数字表达式。

阿基米德提到，如果圆的周长很难被确定，那么就用一个周长容易被确定的图形来代替圆。在实际操作中，他为圆画了一个内接正六边形和外切正六边形（如图36-1所示）。

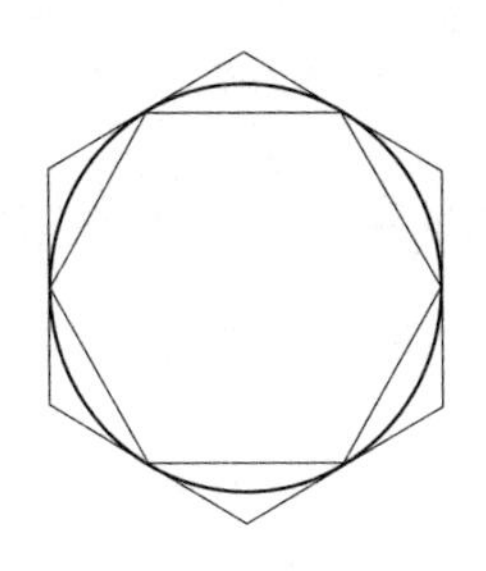

图36-1 圆的内接正六边形和外切正六边形

内接正六边形的周长比圆小，但可以计算出来。得到的结果是，内接正六边形的周长是圆半径的六倍，即直径的三倍。这意味着 $\pi>3$。

同样地，他也计算出了外切正六边形的周长大小，即外切正六边形的周长是圆的直径的 $2\times\sqrt{3}\approx3.46$ 倍。所以，得到了 π 的大致范围，即 $3<\pi<3.46$。

阿基米德的研究并没有停留在仅采用正六边形上，而是不断地增加正多边形的边数，直到正九十六边形。于是，他确定了 π 的新取值区间为 $3+10/71<\pi<3+10/70$（即 22/7）。换算成小数得到 $3.1408<\pi<3.14286$。从此，一场关于计算 π 近似值的“竞赛”拉开了帷幕。我们将其分成三个时期。

（一）几何法时期

阿基米德之后的近 2000 年间，人们计算了具有更多边数的正多边形的周长，来进一步精确 π 的近似值。

在大约公元 480 年，中国数学家祖冲之计算了一个正一万二千二百八十八边形的周长，从而得到 π 的近似值，即 $\pi=355/113\approx3.141592920\cdots$该值精确到了小数点后的第七位数，这个世界纪录保持了700多年。

荷兰数学家鲁道夫·范·科伊伦（Ludolph van Ceulen，1540—1610年）根据正2^{62}边形，算到了小数点后的第35位数，这刷新了用几何法计算π近似值的纪录。1630年，奥地利传教士和天文学家克里斯托夫·格林伯格（Christoph Grienberger，1561—1636年）甚至算到了小数点后第39位数，创造了新的世界纪录。

（二）无穷级数时期

17世纪，无穷级数（亦称“无限和”）的伟大时代开始了。这与无穷级数或无穷数列的求和相关。它可以将正数序列或负数序列，例如1，-1/3，1/5，-1/7，1/9，…不断地相加。在这个例子中，这个算式是：

$$1-\frac{1}{3}+\frac{1}{5}-\frac{1}{7}+\frac{1}{9}-\cdots$$

这个无穷级数第一项的值是1,第二项的值是1-1/3=2/3≈0.67,第三项的值是1-1/3+1/5=13/15≈0.867，以此类推。这个无穷级数是规则的，因为人们能确切地知道下一个数是多少，可以很容易地注意到计算出新数字的规律。

这个无穷级数也是收敛的，也就是说，它可能表示的是某个明确的实数。出人意料的是，这个实数正好是 π/4。换言之，如果将这个无穷级数各项的值乘以 4，则会得到 π 的近似值。所以，上述三个值乘以 4 之后的近似值分别是 4，2.68，3.468，后面的数值以此类推。德国数学家和哲学家戈特弗里德·威廉·莱布尼茨（Gottfried Wilhelm Leibniz，1646—1716 年）研究了这个级数。然而，早在 14 世纪，印度数学家就已经对其有所了解。

“莱布尼茨级数”虽然看上去很不错，但是完全不适合于计算：即便要确定 π 的小数点后两位数字，也必须加减到 1/99 这个分数，这太辛苦了。

于是，数学家们使用了其他的无穷级数。这些无穷级数看上去或许没有那么规整，但计算起来却更为高效。和几何法相比，这种计算方法更加成功。早在 18 世纪，人类就通过这种方法计算出了 π 的小数点后第 100 位，19 世纪更是算出了小数点后的数百位。

无穷级数时期的纪录保持者是英国一所学校的校长、业余数学家威廉·尚克斯（William Shanks，1812—1882年）。1853年，他计算出了π小数点后的第530位，其中只有最后两位数字是错误的。1873年，尚克斯试图创造新的纪录，并公布了他计算出的小数点后第707位数字。然而，他从第528位开始就算错了。不过，幸运的是，直到1944年，也就是尚克斯去世几十年后，错误才被发现。尽管显得有些美中不足，但不可否认的是，他在计算π小数点后的数上取得了杰出的成绩。至今为止，他依然保持着史上手算出π小数点后最多位的世界纪录。

（三）计算机时代

计算机可以比人类更快、更准确地完成计算。因此，人们会使用计算机来计算无穷级数。

英国人弗格森（Ferguson）早在1947年就能够用机械计算机将π精确到小数点后第710位。1949年，他与小约翰·威廉·伦奇（John William Wrench, Jr.，1911—2009年）一起公布了已计算到小数点后第1 120

位，这个纪录一直保持到电子计算机时代到来。1957 年，人们计算出了小数点后第 1 万位，1961 年达到第 10 万位，1974 年达到第 100 万位，1989 年计算到了第 10 亿位，2002 年计算到了第 1 万亿位。如今 π 已经被精确到了小数点后第 10 万亿位。然而算出这些其实没有任何实际用途，例如美国航空航天局（NASA）在计算太空探测器的轨道时使用的 π 只是精确到小数点后第 15 位！

数学家不断创造出新的纪录，这种感觉就像是登山家不带氧气装备去攀登 8 000 米的高山。虽然这不能解决实际问题，却可以获得一种难以形容的享受！

为什么 π 如此迷人？我认为，是因为一种反差：π 的定义看似简单，但是为了得到它的精确数值，需要付出极大的努力。

数学家曾表明过，我们很难精准地确定 π 的数值。1761 年，德国数学家约翰·海因里希·兰伯特（Johann Heinrich Lambert，1728—1777 年）证明了 π 是一个无理数，即它不是一个分数。

这意味着，若将 π 表示为小数，则 π=3.14159…

它的小数部分永远没有尽头，也永远不会循环。所以说，每确定 π 的一个新数字，对人们来说都是惊喜。过去，阿基米德用几何方法去求取 π 的数值，因为他不认为 π 是一种简单的数字表达式。最终，他的观点也得到了证实。

“化圆为方问题”是数学领域一个众所周知的难题（参见第33章“$\sqrt{2}$：超级‘无理’”，第197页）。通过尺规作图可以很轻松地构造出正方形和圆，例如确定圆心和半径之后，只须用圆规就可以画出圆。

“化圆为方问题”就是围绕这两个基本图形展开的。正方形的面积很容易计算，即边长乘以边长。圆的面积难以精确计算，只能求取近似值。

有个问题：画一个圆，能否构造出一个面积与之相等的正方形？如果能够构造出来，就可以化繁为简，把圆的问题简化成正方形的问题。这个问题有两个先决条件：其一，正方形与圆的面积完全相等，并不是近似值；其二，只能用尺规作图。

这个问题在古代就已经出现了，而且无法解决。中世纪的欧洲对此束手无策，伊斯兰数学界也毫无头绪，就连牛顿和莱布尼茨这样的天才对此也是无能为力。直到 1882 年，这个问题才得以解决。

更准确地说，1882 年解决的是“化圆为方”的可能性问题，给出的答案是“不可能”，即人们无法使用尺规作图构造出一个与圆面积相等的正方形。即便政界和商界常常希望得到肯定的答案，但是“化圆为方”就是不可能。

简单介绍一下这个问题的解决思路和方法：我们可以将这个问题转换一下，将重点放在构造出一条长度为 π 的线段。古希腊数学家没有想到这一点，也就是说，他们没有将这个几何问题转化成代数问题。而笛卡儿发明的解析几何使这种转化成为可能。在笛卡儿研究的基础上，人们探索了“可构造数”的特性。“可构造数”有一定的几何意义，即通过尺规作图，可以构造出一定长度的线段。它的特性在于每个构造出来的数都必须是某种类型方程的解。

于是，“π 是否是可构造数”这个问题就可以转化成“π 是否是这些特殊方程的解”。

1882年，德国数学家卡尔·路易斯·费迪南德·冯·林德曼证明出 π 是一个超越数。这意味着，它不是任何方程的解。如果把 π 代入一个方程中，那么这个等式将永远不会成立，即方程式左边不可能和右边完全相等。有时，等式近似成立，例如，当 $x=3$ 时，以下这些情况：$x^2=10$、$x^2+x=13$ 或 $x^4+x=100$。左边的值和右边的值只能近似，但不会完全相等，这就是林德曼证明的结果。

这样，“化圆为方问题”就解决了。因为如果 π 不是任何方程的解，那么，它也就不是任何具有“可构造数”特征的方程的解。

第 37 章　e：与日俱增

“储蓄王国”是所有储户的理想国度。在那里，每家银行的年利率都是 100%。这意味着，若是投资 1 000 英镑，一年之后就会变成 2 000 英镑，两年后就是 4 000 英镑，三年后甚至达到 8 000 英镑。

但对于一些储户来说，这还远远不够，他们想要获得更多的收益。于是，他们想到了绝妙的方法。

存储 6 个月之后，他们提取出 1 000 英镑及 6 个月的利息 500 英镑。随后，他们将这 1 500 英镑存入了另一家银行。在之后的 6 个月里，1 500 英镑将带来额外的 750 英镑利息。这样，这些储户在年底的时候就将总共获得 2 250 英镑。

用数学关系式表达一下：每 6 个月计算一次利息，利息是本金的一半。1 000 英镑变成 1 000+500 英镑，换一种表达就是（1+1/2）×1 000 英镑。这也就意味着本金在半年内增加到原来的（1+1/2）倍。

更换储蓄银行后，下半年的本金为：1 000×（1+1/2）=1 500 英镑。因为在半年内本金会增加到原来的（1+1/2）倍，所以到年底本息总计：1 000×（1+1/2）×（1+1/2）=1 000×$(1+1/2)^2$ 英镑。

这些储户一旦尝到甜头，就会每四个月换一次银行。4 个月一过，1 000 英镑本金就会增加到原来的（1+1/3）倍，即 1333.33 英镑。之后每四个月，本金也会再次增加到相同的倍数，因此到年底本息总计：1 000×$(1+1/3)^3$=2 370 英镑。

储户们又想了想：如果每个月存一次，那么本金每个月都将增加到原来的（1+1/12）倍，这样存 12 次，到了年底本息合计：1 000×$(1+1/12)^{12}$=2 613 英镑。

数学家看待这个问题不会局限于月度，他们会把一年的时间分成任意份。如果把一年分成 n 个等份，那么在每一个时间段的本金都将增加到原来的（$1+1/n$）倍。于是，到了年底的本息之和就是：1 000 ×（$1+1/n$）^{n} 英镑。

现在的问题在于，是不是 n 的数值越大，（$1+1/n$）^{n} 就会越大？如果是这样，这个结果会不会有一个极限，还是说它将变成无穷大？

事实上，这个数列收敛于一个数，这个数写作 e，被称为“欧拉数”，是以数学家莱昂哈德·欧拉的名字命名的。它等于 2.7182818284…也就是说，按照上文所提到的方法存钱，一年之后，本息合计将永远不会超过 2 718.28…英镑。

指数函数（也被简称为“e 函数”）赋予了 e 真正的含义。人们计算了 e 的 x 次方，例如表 37-1 中列举出了其中的几个。

表 37-1　e 的 x 次方

x	0	1	2	3	4	5
e^x	1	2.7	7.4	20	54.6	148.4

从表中可以看到，e 的 x 次方的值在单调递增，而

且增长的幅度越来越大。例如，e^{10} 已经超过了 22 000，而 e^{100} 是一个 43 位的数字。

如果我们计算出这个函数中的一些数值，并绘制出函数的图像，就会发现这个函数的增长是多么令人吃惊（如图 37-1）：

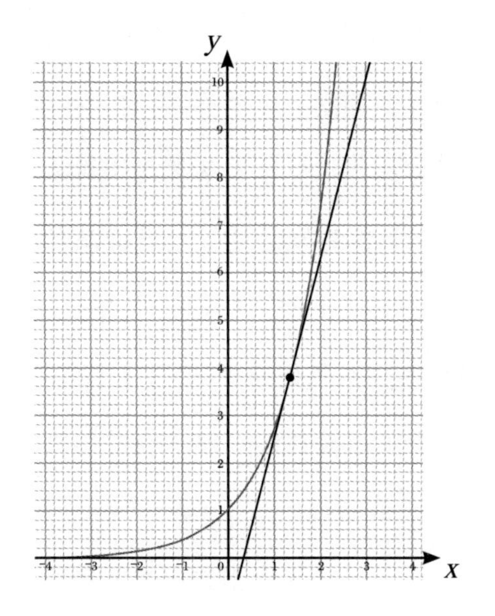

图 37-1　e 的 x 次方的函数增长

这个函数的增长不仅表现在不断增加的数值上，还表现在不断增加的增长率上。在数学里，这用函数的斜率来描述。

为了更加清楚地展示出函数的斜率，我们可以画出经过函数曲线上某一点的切线。切线越陡，斜率越大。这条切线的斜率就是函数在这一点的斜率。

斜率也可以用一个数字来表示。把斜线上的一点向右移动 1 个单位，之后再向上移动，直到再次回到斜线上，这个垂直线段的长度值就是这条斜线的斜率。例如，斜线上的一点向右移动 1 个单位，再向上移动 4 个单位，之后又回到了斜线上，那么这条斜线的斜率就是 4。

这个指数函数的特别之处就在于可以用它直接计算出曲线的斜率。当 $x=0$ 时（即那一点在 y 轴上），指数函数的斜率是多少？我们从图 37-1 上得知，这一点的纵坐标是 1，所以函数曲线上这一点的斜率就是 1。这也就意味着，函数曲线上这一点的切线与 x 轴呈 45 度角。那么，当 $x=1$ 时，这个指数函数的斜率又是多少？此时，函数的值为 $e^1=e=2.7$…所以此时的斜率也是 e。因此，可以这么说，在数学中，以 e 为底数的指数函数的导数就等于指数函数本身。

以 e 为底数的指数函数是指数函数的一个范例，像

2^x 或 10^x 这样的函数也同样具有“指数级增长”的特点。

它们的特点是，函数值单调递增，而且增长量很大，这几乎难以想象，甚至无法控制。我们在这里关注三个指数函数。

我们先来看一下以 2 为底数的指数函数。维多利亚湖是非洲最大的湖泊，面积大小与德国的巴伐利亚州相当。1988 年，人们第一次在那里发现了水葫芦。水葫芦本是一种美丽的水生植物，能开出淡蓝色的花朵，但是它们却有一个破坏性的特性：在适合生长的条件下，它们的扩张面积每两周就会翻一番。

维多利亚湖为水葫芦的生长提供了绝佳的条件。所以，两周后，水葫芦面积增大到原来的两倍，四个星期后翻了四番，六个星期后猛增到原来的八倍——但是，这个时候的人们还没有意识到问题的严重性，本可以早些清除掉这些水葫芦，却错过了最佳的时机。因此，水葫芦成倍地增加，并造成了不可逆转的灾难。几年后，湖内杂草丛生，船运不兴。水葫芦将水与氧气隔绝开来，很多鱼都死亡了。另外，这些植物还为飞虫提供了理想的繁殖地，而那些飞虫就是传播疟疾的根源。此类例子，不胜枚举。

水葫芦带来的后果极其严重，以至于人们众志成城，共抗疫情，还请来了象鼻虫到维多利亚湖“定居”，因为它的幼虫以水葫芦为食。于是，水葫芦所覆盖的面积在五年内减少了 90%。

我们再来看一下以 1.02 为底数的指数函数，与其相关的是每年增加 2% 的利息或收益。有一个固定的法则可以计算出资本翻一倍所需的年数，这就是所谓的“72 法则”。我们只须用 72 除以利率，就会得到资本翻倍所需的年数。例如，如果利率为 2%，则资本翻倍需要 36 年，即 72/2=36。

这个法则也同样适用于其他情况：目前，世界人口以每年约 1.1% 的增长率不断增加。如果假设这个增长率不变，那么在 $72 \div 1.1 \approx 65.5$ 年之后，地球上的人口数量将会变成今天的两倍，即超过 150 亿。另外，传染病的扩散情况也可以应用这个法则来计算。

我们最后来看底数小于 1 的指数函数，例如底数为

0.999879 的指数函数。这个数字描述的是碳同位素 ^{14}C 的衰变。与正常的碳原子 ^{12}C 相比，^{14}C 具有放射性，这意味着它将会发生衰变，即 1 000 克 ^{14}C 在一年后就将只剩 999.879 克。这点损失看起来微不足道，但事实并非如此。因为如果衰变的周期是 5 730 年，那么 1 000 克 ^{14}C 将正好变成：$1\,000 \times (0.999879)^{5\,730} \approx 500$ 克。也就是说，^{14}C 的半衰期是 5 730 年。所谓半衰期就是放射性物质衰变后还剩原来的一半所用的时间。

基于这种现象，人们发明了"碳十四测年法"，这种方法可以确定有机物质的年龄。在生物体中，例如树木，^{14}C 同位素的比例是恒定不变的。然而，在生物体死亡后，由于放射性衰变，这个比例会变小。于是，我们就可以根据 ^{14}C 的剩余比例来确定一块木头的年龄。

与大多数实数一样，数字 e 既是无理数又是超越数。至少我们可以清楚的是，e 是无理数。

为此，我们使用 e 的另一种表示方式，即无穷级数。这里需要用到阶乘，即对于大于 0 的自然数 n 来说，$n! = n \times (n-1) \times (n-2) \times \cdots \times 2 \times 1$。

为了得到e，我们首先要列出一些数的阶乘及阶乘的倒数（如表37-2所示）：

表37-2　一些数的阶乘及阶乘的倒数

n	0	1	2	3	4	5
n！	1	1	2	6	24	120
1/（n！）	1	1	1/2	1/6	1/24	1/120
转化为小数或其近似值	1	1	0.5	0.167	0.042	0.008

接下来，我们计算这些数字的和：

$$1+1+\frac{1}{2}+\frac{1}{6}+\frac{1}{24}+\frac{1}{120}+\cdots$$
$$=1+1+0.5+0.167+0.042+0.008+\cdots$$

我们会发现，这个数列的项会变得非常小，所以它具有收敛性也就不足为奇了，即这个数列代表的是一个明确的数字。欧拉证明出这个数字就是e。

随后，我们就可以来证明e不是分数，而是一个无理数。我们假设 e=11/4，于是：

$$\frac{11}{4}=e=1+1+\frac{1}{2}+\frac{1}{6}+\frac{1}{24}+\frac{1}{120}+\cdots$$

我们将整个等式的左右两边都乘以 4！，得到：

$$4!\times\frac{11}{4}=4!+4!+\frac{4!}{2}+\frac{4!}{6}+\frac{4!}{24}+\frac{4!}{120}+\cdots$$

通过化简得到：

$$3!\times 11=4!+4!+4\times 3+4+1+\frac{4!}{120}+\frac{4!}{720}+\frac{4!}{5\,040}+\cdots$$

等式左边是一个整数，右边中 $4!+4!+4\times 3+4+1$ 的结果是整数，所以剩下的分数之和按理也必须是整数。但是，事实并非如此。这些分数的和大于 0，但远小于 1，所以，这些分数之和不是整数。这个矛盾说明了 e 不等于 11/4。反证法证明出 e 不是一个分数，而是无理数。

第 38 章　i："虚"无缥缈？

吉罗拉莫·卡尔达诺（Girolamo Cardano，1501—1576 年）是个私生子，据说他提前就算到了自己的忌辰。卡尔达诺博学多才，是当时世界顶尖的知识分子之一。没错，他是一位国际知名的科学家，才思泉涌，留下了大量的作品。另外，他也是一位有名的医生，治好了许多疑难杂症，他的病人除了一些普通人，还有许多教会人员。他是那个时代最重要的数学家之一。此外，他还会占星算命，例如他曾为意大利诗人弗朗西斯科·彼特拉克（Francesco Petrarca，1304—1374 年）、荷兰作家德西德里乌斯·伊拉斯谟（Desiderius

Erasmus,1466—1536年）和德国画家阿尔布雷希特·丢勒（Albrecht Dürer，1471—1528年）占卜过。

卡尔达诺生前也曾因其哲学著作而闻名世界。1570年，他被教会逮捕，3个月后才得以获释。然而这次获释是有条件的，其中一条就是禁止他出版任何作品。

卡尔达诺的《大术》（1545年）被视为代数领域具有里程碑意义的一部巨著。书中有一道题：将长度为10的线段分成两部分，一部分作为矩形的宽，另一部分作为矩形的长，使矩形的面积为40。也就是需要找到两个数字，它们的和是10，乘积为40。

这道题看上去似乎没什么难度，但是每个见到《大术》中这道题的人都算了不下百遍，最后疲惫的尝试者也只能尴尬地一笑了之。每个人都在对自己说："很明确，两个未知数，两个条件，同时满足。如果我不能直接算出这道题的答案，那我就列出两个方程并求解。"

要是这么简单，卡尔达诺就不会是卡尔达诺了。他别出心裁地给出了答案：$5+\sqrt{-15}$ 和 $5-\sqrt{-15}$。

这两个代数式是什么意思？人们可以理解组成代数

式的每一个部分：数字、加号、减号及平方根。但是，-15有平方根吗？负数不可能有平方根。因为 $\sqrt{-15}$ 的平方为 -15。但是，任何非 0 数的平方都是正数！

历史上，这类代数式拥有各种各样的名称，不过每个名称都清楚地表达了人们对其是否存在的怀疑。卡尔达诺是第一个为其命名的人，他称其为“诡辩量”。

卡尔达诺是务实的，他并不关心这些代数式是否存在，他只不过是用它们来计算。因而在这方面，卡尔达诺显得极其自在。

这两个代数式的和是多少？

$$(5+\sqrt{-15})+(5-\sqrt{-15})=5+5+\sqrt{-15}-\sqrt{-15}$$

可以看到，$\sqrt{-15}$ 的前面有一个加号，也有一个减号，所以 $\sqrt{-15}$ 被抵消掉，而结果就正好是 10。

那么，这两个代数式的乘积又是多少？当时，卡尔达诺假设 $\sqrt{-15}$ 是一个可以计算的数字，那么，我们也先这么假设：

$$(5+\sqrt{-15})(5-\sqrt{-15})=5^2-(\sqrt{-15})^2=25-(-15)=40$$

这样就验证了这道题的答案。

后来，对三次方程的研究进一步促进了人们对“虚数”的认识。塔尔塔利亚解答了卡尔达诺《大术》中的那道题。他给出了一个解题公式，这个公式类似于求解二次方程 p 和 q 的公式，只不过更复杂。方程不再只有一个根，而是四个，其中两个根甚至是三次方根。

再后来，数学家拉斐尔·邦贝利（Rafael Bombelli，1526—1572 年）发现，一些三次方程，例如 $x^3-6x+4=0$，可以通过两种方式求解：要么解题者足够聪明，直接“看出”2 是它的一个解，因为将 2 代入方程会得到：$2^3-6\times2+4=8-12+4=0$。要么按部就班地使用公式，一步一步地计算，过程中会得到负数的平方根，但是在运算过程中会被抵消掉，最终的结果也还是 2。

这至少证明了使用虚数运算不一定会导致矛盾。

法国数学家阿尔伯特·吉拉德（Albert Girard，1595—1632 年）在 1629 年提出了一个新观点，即通常情况下，一个 n 次方程最多可以有 n 个解。然而，笛卡儿在 1637 年才公布了吉拉德的这一观点，还引入了“虚数”这个概念来表示负数的根。吉拉德是第一个猜测 n 次方程有 n 个解的人，但是这个观点成立的前提是必须允许虚数存在，否则就不成立，甚至都不适用于二次方程。

在接下来的几个世纪里，数学家们着手研究这些数字。莱布尼茨可以得心应手地进行虚数的运算，不过敬畏神灵的他将虚数称为“神灵精神美好而奇异的隐匿之地，它大概是介于存在和虚妄之间的两栖物”。

欧拉进一步向复数的研究迈进。他用符号 i 表示 $\sqrt{-1}$，运算时，将 i^2 替换为 -1。但是，实际上，他并不知道 i 或 $\sqrt{-1}$ 究竟“是什么”。他在 1770 年谈道：“本来不可能出现的数字，通常被称为虚数或想象之数，因为它们只存在于想象中。”

丹麦数学家卡斯帕尔·韦塞尔（Caspar Wessel，1745—1818 年）给出了令人信服的证明，它解释了虚数的存在。1796 年，韦塞尔提出了自己的观点，也就是使用几何的方法证明复数存在。他指出，正如人们可以用数轴上的点来表示实数，同理，也可以用坐标系中的点来表示复数（如图 38-1）。

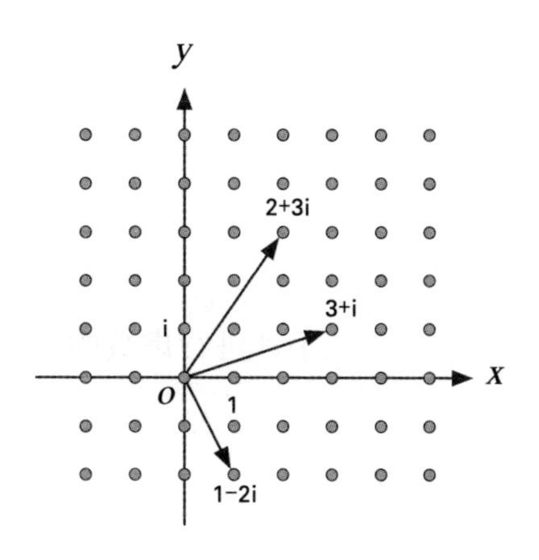

图 38-1　复数在坐标系中的表示

韦塞尔的观点被人们所认可。x 轴（实轴）上的一个单位就是数字 1，y 轴（虚轴）上的一个单位就是"虚数单位" i。现在，我们可以把每一个复数写成"$a+b$i"的形式，也就是把 1 和 i 放在一起。复数 $a+b$i 既可以被看作是复平面上由"实部"a 和"虚部"b 所构成的点，也可以被看作是从原点到这个点的向量。

使用这种表达方式不仅可以清楚地"看到"复数，

还可以使用它们进行计算。两个复数的加法很容易，例如（1-2i）+（2+3i）=（1+2）+（-2+3）i=3+i。

复数的乘法有点复杂。首先我们考虑复数与虚数单位 i 的乘法。例如，（3+2i）· i 的结果是多少？计算之后，得到：（3+2i）· i=3i+2i · i=3i-2=-2+3i（如图 38-2）。

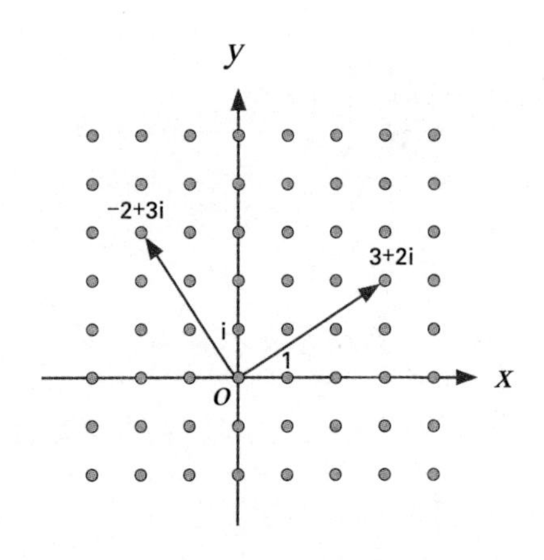

图 38-2　复数的乘法运算在坐标系中的表示

从几何角度来看，向量 3+2i 乘以 i 之后的结果是将向量 3+2i 旋转了 90 度。也就是说，一个复数乘以 i 相当于其向量箭头旋转 90 度。

通常情况下，当两个复数相乘时，我们先要确定两

个向量与 x 轴的夹角，之后将两个夹角的度数相加，得到的是所求向量的方向。而将这两个向量的长度相乘，即可得到所求向量的长度。

1831年，高斯发表了相关的论述，提出用“复数”这个名词来表示“$a+b\mathrm{i}$”形式的数字。另外，值得一提的是，高斯的研究推动了人们对复数的认识，突破了人类对数学认知的边界。

对于虚数使用过程中出现的问题，高斯将其归因于“虚数”这个不合适的名称。这或许只是高斯的一家之言，在他看来，如果当初选择了中性的名称，就不会出现任何困难。1831年，高斯写道：“如果人们从错误的角度看待某个东西，并认为它神秘又晦涩，主要应归咎于它的名称。如果1，-1，$\sqrt{-1}$ 没有被称为正数、负数、虚数（或者说是不可能的）单位，而是一个正向单位、反向单位和旁侧单位，那么那些晦涩的问题都将不值一提。”

从人们现在的观点来看，可以说，虚数和复数与实数、有理数及自然数一样真实。将这句话反过来看，更能准确地触及数的本质：自然数、有理数和实数都只是“虚数”，是“想象出来的”。简单来说，就和人们所探讨的负数的平方根一样，是人们的“遐想”。数学家尤利乌斯·威廉·理查德·戴德金（Julius Wilhelm Richard Dedekind，1831—1916 年）在 1888 年的著作《数字的性质与意义》中写道，“数字（他的意思是所有数字）是人类精神的自由创造。”

1748 年，瑞士数学家欧拉发现了一个公式，后来这个公式被命名为“欧拉恒等式”。这个公式与一个度数为 ϕ 的角有关。在平面直角坐标系中，一个长度为 1 的向量与坐标系中的 x 轴（实轴）所形成的夹角为 ϕ（如图 38-3）。

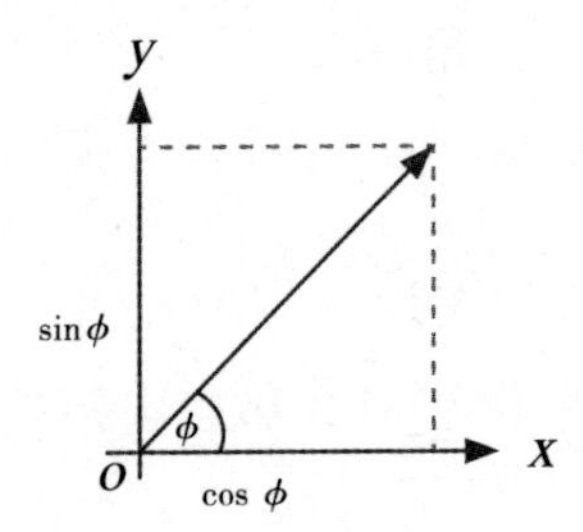

图 38-3　长度为 1 的向量与坐标系中 x 轴所形成的夹角 ϕ

向量在 x 轴上的投影表示为 $\cos\phi$（余弦），在 y 轴上的投影由 $\sin\phi$（正弦）表示。所以，这个向量可以表示为 $\cos\phi+i\cdot\sin\phi$。欧拉发现，这个公式也可以写成 $e^{i\phi}$。这里的 e 是欧拉数，i 是虚数单位。所以：

$$e^{i\phi}=\cos\phi+i\cdot\sin\phi$$

这个方程的特点是：右边容易理解，左边容易计算。

欧拉恒等式的一个特例造就了一个著名的方程。这个特例就是夹角为平角，即 180 度角。这种情况下，欧拉恒等式的右侧较为简单：虚部为 0，实部为 -1。也就是说，等式右边简化成了 -1。

根据欧拉恒等式，角度不是以"度数"，而是以"弧度"来衡量的。也就是说，180 度角对应的数字是 π。换句话说，欧拉恒等式的左边变成了 $e^{i\pi}$。所以，这种特殊情况下的公式就是 $e^{i\pi}=-1$ 或 $e^{i\pi}+1=0$。

数学家认为这是一个美妙的公式，因为它以一种特别简单的方式连接了 5 个极其重要的数字，即 e，i，π，1 和 0。

第 39 章　∞：无穷无尽

几千年来，人类一直使用数字计数。最初只需要一些很小的数字，但后来，需要的数字越来越大。人类不断突破数字的边界，所以出现了一种观点，认为数字是无穷无尽的。

我们通过计数，产生了所谓的自然数 0，1，2，3，…这个省略号引人深思，至少今天的我们会认为，这个数列将一直延续下去。

我们生活中的一些经验印证了这个观点，例如，日子一天一天地过，年份一年一年地加，甚至似乎我们的心跳也永不停歇。换句话说，我们相信，自然数有无穷多个。

我们用符号∞来表示无穷大，其形状类似“躺平的8”。1655年，英国数学家约翰·沃利斯（John Wallis，1616—1703年）首次发明这个符号，用来表示无穷大。然而，使用这个符号是为了表明一个数列不断增大，超出了任何界限。无穷大不是一个数字，而只是说明了数字可以无限大。自然数1，2，3，…不但不以∞结尾，反而根本没有边界，尽管它们会越来越大，甚至经常无限制地超过我们所给定的每一个界限。

几个世纪以来，数学家们已经学会了如何更好地应对无穷大。他们的做法是避免与无穷大正面交锋，也就是说，直接应对有限大，间接处理无穷大。针对这一点，高斯说：“无穷大只是我们的一种托词，因为当我们在谈论极限时，其中一部分数字正如我们所愿地接近这个极限，但是还有一部分数字正在突破我们所设的这个界限而无限地变大。”

仅仅几年之后，准确来说是在1873年12月，无穷大这种观点出现了动摇。这场数学领域的革命颠覆了人们对于无穷大的认知。数学家格奥尔格·康托尔（Georg Cantor，1845—1918 年）是这场革命的主导者，他在 1873 年 11 月 29 日给同事尤利乌斯·威廉·理查德·戴德金写了一封信。他在信中询问，自然数集和实数集之间是否存在明确的关系。我们知道，实数就是小数，包括有限小数、无限循环小数及无限不循环小数。问题在于自然数集是否是最小的无限集合。至少，这是一个让康托尔非常感兴趣的问题，因为这关乎人们对于无穷大根源问题的理解，同样也因为这是第一次将这个概念展开来研究。然而，这个问题在信中并没有明确解决。

几个世纪以来，人们一直在问关于无穷大的许多问题：无穷大是否存在？能认出它来吗？它是不是与上帝有关？等等。但毫无疑问，只能有一个无穷大。过去人们认为，无穷大表示的是单数，是一个仅存在于单数中的词。

康托尔在提出问题 8 天之后，也就是 1873 年 12 月 7 日，就给出了自己提出问题的答案。在给戴德金的另一封信中，他提到，0 到 1 之间的实数无法明确地映射到自然数集中。

这是一个革命性的转折，因为康托尔的研究结果表明，存在大小不同的无限集合，即实数集比自然数集更大。另外，实数集被称为“不可数集”。后来，康托尔也发现了无限集合的不同基数（也被称为“势”）也有无穷多个。

无穷大不仅是单数，而且是复数。康托尔的研究结果甚至表明，人们只能根据不同大小的无穷大去思考无穷大，其逻辑基点是一致的。要么根本就没有无穷大（这也是可以想象的），要么有许多无穷大。这么看来，“无穷大”是一个“复数”概念，表示特指的多个，多个“无穷大”才是有意义的。

无穷大可以用于计算吗？例如，有人可能会问：等式$\infty+1=\infty$是否成立？答案就是，只有正确地去解读，这个等式才“成立”。那么问题来了，是存在不同大小的无穷大吗？如果左边的∞表示的是自然数的无穷大，而右边相同的符号表示的是实数的无穷大，那么这个等式就不成立。但是，如果两边都表示的是同类数字的无穷大，那么这个等式就是成立的。

为了理解这一点，我们首先来看看“最小的”无穷大，即自然数的无穷大。有许多与自然数集“相等”的集合，例如偶数集、整数集和分数集。因为所有这些数字集都可以排列在一个无限长的数列中，例如，偶数集{2，4，6，…}以及整数集{0，1，-1，2，-2，3，-3，…}。正分数集按照“分子 + 分母”的大小排序，可以写成{1/1，1/2，2/1，1/3，3/1，1/4，2/3，3/2，4/1，1/5，…}。所有这些集合都是“可数集”，它们具有相同的基数，我们用$\aleph_0$（阿列夫零）表示。现在人们可以确切地说出“$\aleph_0+1$”的含义，就是在可数集的基础上添加了新元素。例如，添加了 -1 的自然数集，形成数集{-1，0，1，2，3，…}，这个集合也是无穷基数为 0 的可数集。我们用公式来表达，即：$\aleph_0+1=\aleph_0$。相应地，$\aleph_0+2=\aleph_0$，$\aleph_0+1\ 000=\aleph_0$，$\aleph_0-1=\aleph_0$，等等。

人们也可以解释“$\aleph_0+\aleph_0$”，即表示的是由两个可数集组成的集合的基数，例如自然数集和负数集。

和我们之前看到的整数集一样，这个集合也是可数集，所以$\aleph_0+\aleph_0=\aleph_0$成立。最后，我们还要确定一下“$\aleph_0 \cdot \aleph_0$”。这表示的是由可数集中元素构成的新元素（点）集合中的基数。例如，自然数集中包含元素a和b，那么，我们这时就可以获得新元素（a,b）。与可数的分数集类似，这个集合也是可数集。所以，$\aleph_0 \cdot \aleph_0=\aleph_0$。

这种“超限算术”的计算规则比自然数的计算规则要简单得多。如果一个表达式包含符号$\aleph_0$和自然数，并且它们用“加号”和“乘号”连接，那么这个表达式的值（结果）等于$\aleph_0$。

但要注意，在等式$\aleph_0+\aleph_0=\aleph_0$中，不能简单地在两边同时减去$\aleph_0$。因为这么计算的结果是$\aleph_0=0$。

当然，康托尔并没有拘泥于$\aleph_0$的计算，他还证明了$\aleph_1$，$\aleph_2$，$\aleph_3$，…等较大基数集合的相关计算法则。

附录

扩展阅读

Albrecht Beutelspacher: Zahlen. Geschichte, Gesetze, Geheimnisse. München 2013 (C.H.Beck)

Harald Haarmann: Weltgeschichte der Zahlen. München 2008 (C.H.Beck)

Georges Ifrah: Die Zahlen. Die Geschichte einer großen Erfindung. Frankfurt a. M./New York 1998 (Campus)

Karl Menninger: Zahlwort und Ziffer. Göttingen 1987 (Vandenhoeck & Ruprecht)

Reinhard Schlüter: Sieben – Eine magische

Zahl. München 2011(dtv)

David Wells: Das Lexikon der Zahlen. Frankfurt a.M.1990(Fischer Taschenbuch Verlag)

Hans Wußing: 6000 Jahre Mathematik. Von den Anfängen bis Leibniz und Newton. Heidelberg 2008(Springer)

图片来源

Seite 14, 90: Aus: Albrecht Beutelspacher, Wie man in eine Seifenblase schlüpft. Die Welt der Mathematik in 100 Experimenten, München 2015, Foto: Rolf K.Wengst

Seite 49 und 106:©akg-images/Mondadori Portfolio/Veneranda Biblioteca Ambrosiana

Seite 53, 171: Aus: Albrecht Beutelspacher, Wie man in eine Seifenblase schlüpft. Die Welt der Mathematik in 100 Experimenten, München

2015, Grafiken: Marc-A. Zschiegner

Seite 74:http://openclipart.org/media/files/flomar/6069 Die übrigen Grafiken wurden vom Autor erstellt.